KB026352

# 우리가 몰랐던
# 우리 차 세계 차의 놀라운 비밀

우리가 몰랐던

# 우리 차 세계 차의 놀라운 비밀

최고의 차 전문가가 알려주는
당신이 궁금한 차에 관한 모든 것!

글·사진 최성희 | 추천 혜성 스님

중앙생활사

## 추천사

차(茶)는 아름다움의 표현이라 한다.

차인(茶人)들이 차란 글자에 감성을 표현하는 방법이 여러 가지이며 복합 문화라서 그런지 차를 즐기는 이들은 못하는 것이 없다. 조선시대 초의선사(1786~1866)는 《다신전》에서 차(茶)의 제다부터 시작하여 차 마시기, 물의 종류, 차 도구에 이르기까지 언급하고 있다. 《동다송》에서는 차의 효능, 옛사람들의 차를 사랑하는 마음, 차 이름붙이기 및 차 맛있게 끓이기에 이르기까지 자세히 언급하였고 거기에 수행자로서 차가 우리에게 주는 것이 단순한 마실 거리가 아닌 깨닫는 도구임을 분명히 밝혔다. "모든 것은 중정(中正)으로 하라" 하였으며 중화(中和)를 이루어야만 다도를 이룬다고 하였다.

차(茶)와 중화(中和), 중도(中道) 및 중정(中正) 등은 차가 가진 본래의 성질을 잘 드러내기 위해서 차밭의 토양부터 시작하여 차 우릴 때 어울리는 물과 차를 다루는 솜씨 등 어느 것 하나 중도(中道)가 아닌 것이 없다. 그래서 차가 가지고 있는 본래의 성질을 그대로 드러냄에 있어서 한 잔의 차에는 철학과 예술이 숨어 있음을 느낄 수 있는 것이다.

차가 인문학 쪽으로 많이 발전해온 우리나라 차계에 어느 때부터인가 과학적인 갈망이 있었나보다. 자연스럽게 나도 심평(審評)을 하게 되었는데 몇십 년이나 앞선 중국이 이미 이 분야에서 선도하게 되었을 무렵에 이르러서야 우리도 마침내 과학 분야 쪽에 관심들을 갖게 되었다.

저자인 동의대학교 식품영양학과 최성희 교수는 일본에서 일찍이 식품의 향미에 관해 연구를 하였는데 귀국해서 교단에 있으면서 차의 향기, 맛 및 기능성 성분에 관하여 지속적으로 연구를 해왔다. 아마 앞서가는 식견이 있었기에 이런 연구를 시작할 수 있었던 것이다.

지금 사람들은 너무 많은 지식을 온라인을 통해 전해 받기도 하지만 이렇게 전공을 한 분이 과학적 사실을 체계적으로 자세히 알기 쉽게 책을 통해 내놓음으로 해서 많은 사람이 생소하고 어렵기만한 차에 관한 과학적 지식을 다른 곳에서 갈망하지 않아도 될 것 같다고 생각한다.

이 책을 통해 차의 유래부터 시작하여 세계적으로 붐을 이루고 있는 홍차와 대용차에 이르기까지 이 한 권을 가지면 차를 알고 가르치려고 하는 이들이 교재로도 쓸 수 있을 것이다.

뿐만 아니라 차에 대한 과학적 지식을 갈구하는 차인들의 갈망을 잘 이해하고 집필한 최성희 교수의 이 저서는 일반적인 차인들의 차에 대한 학식을 한층 더 높여주는데 크게 기여할 것으로 생각한다. 차인들을 위한 이런 마음씀씀이가 이 책을 통하여 절절이 보여 최성희 교수와의 인연이 고맙기만 하다.

이 책을 통하여 차를 하는 많은 이들이 멋과 풍류와 더불어 차에 대한 이화학적인 분야나 세계의 차 문화 등 다양하게 차를 알고 행하는 차인이 되는 데 크게 도움이 됨을 믿어 의심치 않으므로 감히 이 책을 추천한다.

강화도 백련사 혜성 합장

## 책머리에

나와 차와의 만남 뒤에는 또 하나의 만남이 있다. 그것은 곧 나로 하여금 차와 인연을 맺게 하고 연구하게 이끌어주신 스승과의 만남이다. 나의 지도교수였던 야마니시 테이(山西貞) 박사는 차의 풍미에 관한 연구에 있어서 국제적으로 저명한 분으로, Tea Yamanishi(본명: Tei Yamanishi)란 애칭을 가지고 있을 정도다. 선생님은 세계의 차 생산지를 방문하여 연구하시고 그곳에서 지도도 하신다. 그래서 선생님의 연구실에는 각국 원산지의 차들이 놓여 있고, 오후 3시의 티타임에는 각국 차의 품평회가 열리곤 하였다.

유학 생활을 마치고 돌아와 스승님이 걸어오신 그 길을 미숙하나마 흉내 내며 걸어가고 있다. 우리나라에 와서는 자연히 우리나라의 차에 관심을 가지게 되었고, 이내 그 독특한 풍미에 매료되었다. 차의 성분과 몸속에서의 생리작용 등을 연구하다 보니 차와 관련되는 국내외의 많은 분과 교류하게 되었고, 주변 사람들로부터도 차와 인연을 맺게 해주어 고맙다는 인사를 듣는 일이 많아졌다.

최근 차의 성분과 인체 내에서의 작용들이 속속 밝혀지고 있어, 옛날부터 경험적으로 전해져온 차의 효능이 과학적으로 증명되고 있다. 이렇듯 차는 좋은 사람을 만나게 해주고 건강을 유지해주며 생활의 여유를 가져다주는 것이기에, 가능한 한 많은 분께 차와의 만남을 주선하여 차생활을 즐기게 하고 싶다는 소망을 담아 이 책을 쓰게 되었다.

차의 향미 성분 및 효능에 관해서는 그동안 직접 연구한 실험 결과를 토대로 하고, 필요한 경우 다른 연구자들의 연구 결과를 참고하여 설명하였다. 차 문화에 대해서는 차 전문지 등에 기고한 것들을 중심으로 정리하였지만, 부족한 부분은 기존에 나와 있는 책이나 기타 문헌을 인용하였다. 차에 관해 전문가가 아니더라도 알 수 있도록 쉽게 쓰려고 했으나, 화학적인 성분이나 생리작용과 구조와의 관계 등을 표현할 때는 어쩔 수 없이 전문용어를 사용할 수밖에 없었다.

많은 종류의 차 중에서 특히 녹차, 홍차, 우롱차를 주로 다룬 것은 세계적으로 가장 많이 애용되는 차이며, 이들 차가 같은 차나무의 어린잎에서 만들어지기 때문이다. 한편으로는 발효라는 제조공정의 차이에서 오는 미묘한 맛과 향, 효능의 차이를 과학적인 근거로 비교하고자 하였다.

한 잔의 차에서조차 도(道)를 생각하였던 우리 선현들의 아름다운 멋과 예(禮)가 깃든 차 문화를 생활화하고, 한 걸음 나아가 차의 제조법이나 향, 맛, 효능 등을 이해하면서 차를 마신다면 금상첨화(錦上添花)일 것이다. 보잘 것 없는 이 글이 나오기까지 격려해준 사랑하는 가족과 제자들, 차의 유래 부분에 조언을 아끼지 않은 차학회 고연미 박사님을 비롯한 많은 분께 감사드린다. 또한 이 책을 출판해주신 중앙생활사 사장님께 진심으로 감사드린다.

최성희

## Contents

## 4장 맛과 색깔, 품질을 결정하는 차의 성분



## 5장 차의 향기 성분



## 6장 과학적으로 입증된 차의 효능



## 7장 차 추출물의 효능과 이용

## 8장 차 마시기와 다양하게 즐기는 방법



## 9장 차와 다구 고르기



## 10장 세계의 차 종류와 특징



## 11장 세계의 차 풍습

## 12장 건강대용차의 효능과 종류

# 차 한 잔 마시며 쉬어 가는 곳

**1장**

# 차의 유래

차의 기원에 관해서는 중국의 전설적인 왕인 신농(神農)씨가 마셨다는 이야기(기원전 2737)가 있으며, 차는 72종류의 독을 해독할 수 있다는 고사(古事)가 전해져왔다. 기원전 1066년경에는 차를 중국 황제에게 공물로 바쳤다는 기록이 있으며, 기원전 59년에 쓰인 글에는 차를 사고판 기록이 있다.

# 차나무의 종류

차나무는 동백과(科)의 식물이며 작은 흰꽃을 피운다. 차나무의 학명은 카멜리아 시넨시스(*camellia sinensis*(L.))이다. 이 차나무의 어린잎으로부터 맛과 향기와 색깔이 다른 녹차, 홍차, 우롱차 등이 만들어진다. 약차(藥茶)나 건강차 혹은 허브 티 등도 차라고 불리기는 하지만, 일반적으로 차나무의 잎으로 만든 것만을 차라고 하고, 그 외의 것은 대용차(代用茶)라고 부른다.

차나무는 교배가 쉬워 자연교배나 인위교배에 의해 육종한 무수한 종류가 있다. 한편 찻잎의 특징에 따라 녹차에 적합한 것과 홍차에 적합한 것 그리고 우롱차에 적합한 것이 있다. 대체로 소엽종은 녹차를 만드는 데 쓰이고, 대엽종은 홍차, 중엽종은 우롱차 제조에 이용된다.

차열매(제순자 제공)

## 차나무의 분류

### 소엽종

· var. *sinensis forma bohea*(중국 소엽종)
· 중국과 일본 등지에서 널리 재배되고 있으며, 우리나라의 재래종이 이 계통이라고 한다.
· var. *burmaensis*(인도 소엽종)
· 열대지방에서 자생한다.

### 대엽종

· var. *sinensis forma madrophylla*(중국 대엽종)
· 중국 운남지방에 자생한다.
· var. *assamica*(아삼종, 인도 대엽종)
· 홍차용으로 재배된다.

# 차의 기원 및 전파

## 차의 기원

차의 기원에 관해서는 중국의 전설적인 인물인 신농(神農)씨가 차를 마시고, 72종류의 독을 해독할 수 있었다는 고사(古事, 기원전 2780)가 전해지고 있다. 이렇게 약용으로 시작된 차는 식용, 음용으로 발전해나갔다.

기원전 1066년경에는 차를 중국 황제에게 공물로 바쳤다는 기록이 있으며, 기원전 59년에 쓰인 글에는 차를 사고 판 기록이 있다. 이후 차와 관련한 여러 기록이 등장하지만 중국차의 이론과 실제를 집대성하여 정리된 것은 당나라에 이르러서야 가능하게 되었다.

당나라(618~907) 때에는 선수행의 일환으로 마시던 사원의 차가 귀족뿐 아니라 민간에도 널리 퍼져가게 되었다. 특히 남쪽뿐 아니라 화북지방에도 차가 퍼져나가고 도시에 차를 끓여 파는 찻집이 생겨날 정도로 상업적으로도 발전하였다.

이 시기의 음다법은 병차(餠茶)와 같은 고형차를 가루 내어 솥에 끓여 마시는 자

차싹(제순자 제공)

다법(煮茶法)이었다. 당나라 때의 유명한 다성(茶聖)인 육우(陸羽)는 《다경(茶經)》(780)이라는 책을 펴냈다. 육우는 이 책에 당시의 차 산지, 차의 기원, 품종, 문화, 가공, 저장, 마시는 풍습, 차나무의 환경 등을 서술하였고 차 마시는 미덕을 격찬하였다.

송나라(960~1271) 때에는 당대보다 기후가 내려감에 따라 차 산지가 남하하게 되었다. 황실에서는 어차원(御茶園)에서 만든 고급 단차를 공납받았던 반면, 백성들은 주로 하급의 병차(餠茶)나 수력을 이용한 맷돌로 갈아 낸 수마차(水磨茶)를 마셨다. 이 시기의 음다법은 찻그릇에 가루 낸 차를 넣고 휘저어 마시는 점다법(點茶法)이었다.

햇차

민간에서는 일반 가정에 매일 빠져서는 안 되는 일곱 가지 중 하나로 차를 들었고, 문인의 문집에는 하루라도 차가 없으면 병이 날 것 같다는 글이 등장할 만큼 차가 성행하였다.

명나라(1368~1644) 때에는 차의 형태가 고형차에서 잎차로 바뀜에 따라 다관에 차를 우려마시는 포다법(泡茶法)이 중심에 놓이게 되었다. 송나라 때에 등장한 화차(花茶)는 명나라 문인들의 독특한 아이디어와 취향에 힘입어 재스민(jasmine)을 비롯한 여러 화차들이 크게 발전하였다.

청나라(1616~1912) 때에는 6대 차 종류인 녹차, 홍차, 황차, 우롱차, 백차, 흑차가 모두 형성되었다. 이 시기에는 우롱차의 기원이 된 무이차(武夷茶)가 주목받았

햇차 수확

는데, 이후 유럽을 비롯한 세계 각국으로 수출되어 퍼져나갔다.

## 차의 전파

차의 원산지는 아시아 남부의 아열대 지방이라고 전해지고 있다. 차는 처음 중국에서 마시기 시작하였는데, 육로와 해로를 통해 그 주변으로 점차 전파되어 지금은 러시아, 아프리카, 남미, 호주에까지 퍼졌으며 생산국도 40개국 이상이 된다.

차나무는 아열대성 식물이다. 따라서 따뜻하고 강우량이 많은 곳에서 기르기에 적합하다. 세계적으로 재배 지역은 꽤 넓게 퍼져 있는데, 러시아의 북위 45°

부근에서부터 아프리카의 남위 30° 사이에 걸쳐 있다.

표고로 보면 해발 2,000미터의 고지대에서까지 재배되고 있으며, 전체 차 생산량의 약 83%가 아시아 지역에서 생산되고 있다. 면적으로 보면 중국, 인도, 스리랑카, 인도네시아, 러시아, 케냐 등의 순서이다. 생산량으로 보면 인도, 중국, 케냐, 스리랑카, 인도네시아의 순서이다. 세계에서 생산되는 차의 약 75%는 홍차이다.

### 茶 차는 언제 어디로 전파되었나

| | | |
|---|---|---|
| (기원전) | 2737년 | 찻잎에 해독작용 성분이 있는 것을 발견 |
| (기원후) | 220년 | 베트남, 미얀마, 라오스, 태국에 차 전파(시작) |
| | 661년 | 신라 문무왕이 제사에 차를 올림(삼국유사) |
| | 805년 | 일본에 차 재배가 도입됨 |
| | 828년 | 우리나라에 차 재배가 도입됨 |
| | 1610년 | 유럽에 차가 수출됨 |
| | 1628년 | 러시아에 차가 수출됨 |
| | 1637년 | 영국에 차가 수출됨 |
| | 1648년 | 인도네시아에 차가 수출됨 |
| | 1650년 | 미국에 차가 수출됨 |
| | 1684년 | 인도네시아에 차 전파(당시 네덜란드의 식민지) |
| | 1780년 | 인도에 차 전파(당시 영국의 식민지) |
| | 1833년 | 러시아에 전파 |
| | 1850년 | 동남 아프리카에 전파 |
| | 1867년 | 스리랑카에 전파(당시 영국의 식민지) |
| | 1875년 | 말레이시아에 전파 |
| | 1900년 | 이란에 전파 |
| | 1903년 | 케냐에 전파 |
| | 1924년 | 터키, 아르헨티나에 전파 |
| | 1990년 | 오스트레일리아에 전파 |

### 당나라 현종대(玄宗代)의 다주론(茶酒論)

차(茶) : 나는 명승(名僧)의 설교에 힘을 더해주고, 부처님의 공물로 쓰인다. 너는 가정을 파괴하고, 사음(邪淫)을 돋우는 요인이 된다.

술(酒) : 한 동이 삼문(三文)으로서 부귀라 할 수 없다. 술은 귀인 고관들이 마시는 것이며 차로서는 노래가 나오지 않고 춤도 나오지 않는다.

차(茶) : 내가 시장에 나가면 사람들이 다투어 사들이니 돈이 산더미처럼 쌓인다. 네가 거리에 나가 보아라. 혀가 꼬부라져 귀찮고 성가시게 구는 사람들이 거리에 가득하다.

술(酒) : 고인(古人)은 나를 칭찬하여 말하기를 술 한 잔은 건강의 근원이고, 기분전환의 약이며, 인물을 만든다고 하였다. 술은 예의를 지배하는 것이며, 궁중의 음악은 술에서 생겼다. 차는 아무리 마셔도 관현(管鉉)의 가락과는 관계가 없다.

차(茶) : 남자 14~15세면 술자리에 가까이 가지 말라 하였다. 차를 마시고 행패 부리는 사람은 없다. 향불을 피우고 금주(禁酒)를 빌기도 한다.

물(水) : 뭐 그렇게 핏대를 올리고 싸우고 있나. 차군(茶君), 내가 없으면 너의 형태가 없다. 주군(酒君), 내가 없으면 너의 모습도 없다. 쌀과 누룩만을 먹으면 바로 배가 아파지고, 찻잎을 그대로 먹으면 목을 해친다. …… 지금부터는 이것을 계기로 사이좋게 지내도록 하라.

※ 자료 : 《한국식품문화사》, 이성우

# 우리나라 차의 유래와 역사

## 우리나라 차의 유래

우리나라에서의 차의 유래는 자생설, 수로왕비 전래설, 대렴(大廉) 전래설 등이 있다. 이 중 우리나라의 차 전래에 대해 국내외에서 널리 알려진 설은 대렴 전래설이다. 《삼국사기》에 의하면 신라 흥덕왕 3년(828)에 당나라에 사신으로 갔던 대렴이 당의 문종황제가 베푼 연회에 참석하였다. 귀국하면서 대렴이 차 종자를 가지고 오자 왕이 지리산에 심게 하였다는 기록이 있다.

## 우리나라 차의 역사

그러나 우리나라에 차나무가 전래되기 이전에도 차를 마셨다는 기록이 많다. 진흥왕(540~575 재위) 때 화랑들이 차를 마신 흔적이 있으며, 선덕여왕

(632~646 재위) 때도 차를 마신 기록이 있다. 또 경덕왕(742~764 재위)과 충담사의 차에 얽힌 이야기 등으로 미루어보아, 신라인들이 차를 매우 즐겼다는 것을 알 수 있다.

신라시대에 차를 즐긴 사람은 화랑과 승려 등이었고, 문장가 중에는 최치원이 있었다. 쌍계사에는 최치원이 교지(敎旨)를 받들어 지었다는 진감국사 대공탑비(국보47호)가 있는데, 여기에 차에 관한 글이 적혀 있다.

고려시대에 들어서는 불교문화와 더불어 차생활(茶生活)이 더욱 발전되었으며, 차를 바치는 다소(茶所)까지 두었다. 궁중의 연중행사인 연등회와 팔관회에서 궁중 다례가 행해졌으며 이규보, 정몽주, 이인로 등의 문장가들이 차를 즐겼다.

조선시대에는 유교의 도입에 따라 차문화가 쇠퇴했으나 궁중의례의 일부에서, 그리고 사원의 일각에서 또는 선비들에 의해 그 맥이 이어졌다. 우리나라의 다성(茶聖)이라고 일컬어지는 초의선사(장의순, 1786~1866)는 두륜산에 일지암을 짓고 차생활을 하였고, 강진에서 귀양살이를 하는 정약용과도 교류하였다.

초의선사는 순조 28년(1830)에 지리산 화개동의 칠불암에서 《다신전(茶神傳)》을 저술하였다. 이 책은 중국의 《만보전서(萬寶全書)》에서 차에 관한 부분을 발췌한 것으로 22개의 절목으로 구성되어 있다.

그 후 초의선사는 순조의 부마 홍현주로부터 차에 관한 물음을 받고는 일지암에서 동다송(東茶頌, 1837)을 지었는데, 이는 우리나라의 차를 칭송한 것으로 학자에 따라 17송, 31송, 혹은 64구의 장시로 보고 있다. 여기서 동다(東茶)란 동국차(東國茶) 곧 우리나라의 토산차(土産茶)를 말한다.

그 내용은 앞서 지은 《다신전》을 요약하면서 차의 효능을 구체적으로 예시하고 차의 원산지인 중국의 어떤 좋은 차보다도 우리나라의 차가 맛, 색, 향, 효능 면에서 떨어지지 않는다는 것이다. 또 그 효능은 빨라서 차를 마시면 늙은이는 젊어지고 80세 노인의 얼굴이 고운 복숭앗빛으로 변한다고 적혀 있다.

### 茶 초의선사가 쓴 《다신전》의 내용

- 채차(採茶) : 찻잎을 따는 일
- 조차(造茶) : 차를 만드는 일
- 변차(辨茶) : 차를 식별하는 일
- 장차(藏茶) : 차를 저장하는 일
- 화후(火候) : 불을 다루는 법
- 탕변(湯辨) : 탕을 식별하는 일
- 탕용노눈(湯用老嫩) : 탕과 쇠어버린 눈잎
- 포법(泡法) : 차를 끓이는 법
- 투차(投茶) : 차를 넣는 법
- 음차(飮茶) : 차를 마시는 일
- 차의 향기(香)
- 차의 색(色)
- 차의 맛(味)
- 점염실진(點染失眞) : 잡것이 섞이면 진을 잃는다.
- 차변불가용(茶變不可用) : 변질된 차는 쓰지 마라.
- 품천(品泉) : 물의 품정
- 정수불의차(井水不宜茶) : 우물물은 차에 좋지 않다.
- 저수(貯水) : 물을 받아놓는 것
- 차구(茶具) : 차 끓이는 용기
- 찻잔(茶盞) : 차를 마실 때 쓰는 잔
- 식잔포(拭盞布) : 찻잔 행주
- 차위(茶衛) : 차의 위생관리 등

조선시대 차문화사에서 빠뜨릴 수 없는 사람은 초의선사와 더불어 자신의 호를 다산(茶山)으로까지 한 정약용(1762~1836)과 추사(秋史) 김정희(1786~1856)이다. 정약용이 18년 동안 유배생활을 한 강진의 뒷산에는 야생 차나무가 있어 그 산 이름을 다산(茶山)이라 하였으며, 다산초당(茶山草堂)을 지어 야생 차나무를 손질하고 차를 끓여 마시며 차생활을 즐겼다. 18년 동안의 유배생활이 끝나고, 여덟 제자들이 모여 조직한 것이 유명한 다신계(茶信契)이다. 이 모임의 규약 내용을 다신계절목(茶信契節目)이라 한다.

추사 김정희는 24살 때 청나라 연경(燕京)에 가서 석학 완원(阮元)과 용단승설차(龍團勝雪茶)를 마시면서 인연을 맺었다. 그가 차를 얼마나 중요시했는가는 승설학인(勝雪學人), 승설도인(勝雪道人), 고다노인(苦茶老人) 등 차에 관계되는 호를 즐

하동차체험관

보성녹차연구소

겼다고 하는 것만 보아도 알 수 있다. 완당(阮堂)이라는 호는 같이 차를 마셨던 완원의 이름에서 따온 것이라 한다. 김정희는 정약용 및 초의선사와 차를 매개로 친하게 되었다. 매년 봄이면 초의선사는 차를 김정희에게 보내었고, 초의선사의 차 맛에 매료된 그는 차가 떨어지면 빨리 차를 보내라는 독촉편지를 어김없이 보내었다고 한다.

일제강점기에는 일본인들이 광주 무등산의 다원을 인수하여 차를 제조하였다. 해방 후 허백련이 무등다원을 정부로부터 불하받아 삼애다원이라 하고 춘설차(春雪茶)를 제조하였다. 1969년 정부가 전라남도 지역에 농특사업으로 다원을 조성하였다. 1978년 이후 ㈜아모레퍼시픽의 계열회사인 장원산업에서 제주도와 전라남도 지역에 다원을 조성하여 주로 신품종(주로 야부키타)을 재배하며, 현대식 제차(製茶)기계로 좋은 차를 생산하고 있다.

의제(毅齋) 허백련이 타계한 후 대한다업, 한국제다 등의 차 제조공장이 들어섰으며, 그 외 전라남도의 일부 지역과 경상남도 하동의 일부 지역에서도 차가 재배되었다. 재래종 찻잎을 이용하여 전통방식에 의한 차 제조방법으로 전통 녹차를 생산하는 곳도 있다.

현재 우리나라에는 기업형이나 개인이 경영하는 연구소가 아닌 녹차연구소가 두 군데 있는데, 그중 보성에 있는 연구소는 국제화 · 개방화에 대비하여 차를 경쟁력 있는 작목으로 육성하기 위한 국가기관으로 1992년 4월 1일 전라남도농촌진흥원 보성차 시험장으로 설립되었다. 이후 2008년 전남 농업기술원 녹차연구소로 이름을 변경하였다.

이 연구소에서는 세계 속의 한국 차 브랜드화를 목표로 차나무 유전자원 수집

하동녹차연구소

과 차나무 신품종을 육성하여 농가에 보급하고 있다. 또한 다양한 차 제품개발과 아울러 차 안전생산기준 설정 등의 업무를 담당하고 있다.

하동의 녹차연구소는 2005년 산업자원부의 지역혁신역량강화사업의 일환으로 하동군의 도움을 받아 설립된 연구소이다. 하동녹차연구소는 하동 녹차의 과학적 연구를 위한 인적 · 물적 인프라 구축, 식 · 의약품 및 기능성 소재개발 등을 통한 부가가치를 목표로 하고 있다.

2006년 정식 설립 이후 해마다 잔류농약 전수검사로 소비자 신뢰 확보에 노력하며 여러 가지 녹차 함유 제품을 개발해오고 있다. 2009년에는 녹차의 과학화와 산업화를 위한 연구소 구축이라는 성과를 인정받아 국가연구개발 우수성과 100선에 선정되기도 하였다.

## 옥로차(玉露茶)와 옥록차(玉綠茶)

옥로차

일본에서 기원된 차이며, 일반 증제차와는 달리 찻잎을 따기 전에 볕가리개를 씌워 광선을 차단시켜 재배한 차이다. 햇빛을 차단함으로써 떫은맛을 내는 카테킨이 줄어들고, 감칠맛을 내는 테아닌(theanine) 등의 아미노산이 증가하여 차의 맛이 뛰어나다. 또한 엽록소가 증가하여 색깔이 아름답다. 가루차(抹茶)를 만드는 데 이용된다.

옥록차

제조공정 중에서 먼저 증제차와 같이 증기로 쪄서 효소를 불활성화시킨 뒤 증제차의 정유공정 대신 차 모양을 덖음차와 같이 만들어줌으로써 독특한 풍미를 내게 한 차이다.

볕가리개를 씌워서 옥로차를 재배하는 모습(제순자 제공)

**2장**

# 차의 분류

차나무의 품종이나 차를 만드는 계절과 방법 그리고 풍미에 따라 다양한 종류의 차가 생산되고 있다. 그러나 통상 차는 발효 정도에 따라 분류하고 있다. 발효를 전혀 시키지 않는 차를 '불발효차'라고 하며, 발효 정도가 12~55% 사이의 것을 '부분발효차'라고 한다. 또 발효를 85% 이상 시킨 것을 '발효차'라고 한다.

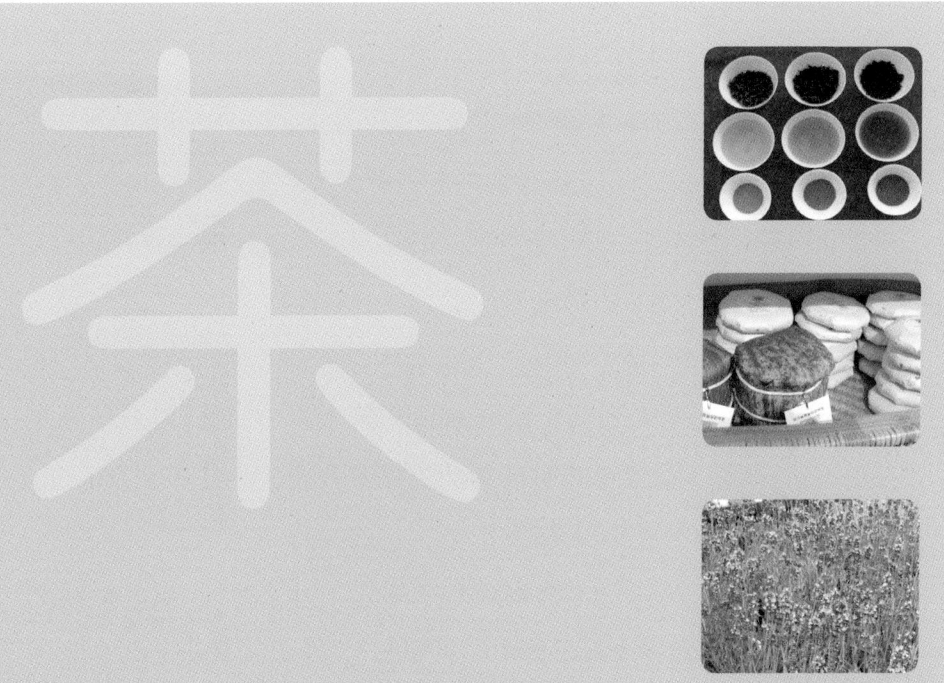

# 발효 정도에 따른 분류

세계적으로 차를 생산하는 나라가 많고 차나무의 품종이나 차를 만드는 계절과 방법 그리고 형상과 풍미가 달라 다양한 종류의 차가 생산되고 있다. 그러나 통상 발효 정도에 따라 차를 구분하는 것이 일반적이다.

홍차의 발효에는 미생물이 관여하지 않고 찻잎에 들어 있는 효소인 폴리페놀 옥시데이스(polyphenol oxydase)에 의해 차의 주성분인 카테킨(catechin)류가 산화되어 색깔이 변화되는 것이 밝혀짐으로써, 효소에 의한 색깔 변화도 발효(fermentation)라는 용어를 사용하게 되었다.

발효 정도에 따라 차를 분류해볼 수 있다. 먼저 발효를 전혀 시키지 않는 차를 '비발효차'라고 하며, 발효 정도가 12~55% 사이의 것을 '부분발효차'라고 한다. 부분발효차는 발효 정도에 따라 다시 세 가지 종류로 구분된다. 또 발효를 85% 이상 시킨 것을 '발효차(홍차)'라고 한다.

최근에 선보이고 있는 후발효차(後醱酵茶)나 발효식음료(醱酵食飮料)는 미생물이 발효에 관여된 것으로, 홍차와 구별하여 '미생물 발효차'라고 불린다.

왼쪽부터 불발효차, 부분발효차, 발효차(신기호 제공)

## 茶 발효 정도에 따른 차의 분류

- **비발효차**

  증제녹차(0% 발효), 덖음녹차(0% 발효)

- **부분발효차**

  포종차(12~15% 발효), 철관음차(25~30% 발효), 우롱차(50~55% 발효)

- **발효차**

  홍차(85~100% 발효)

# 제조방법에 따른 분류

## 가미차(加味茶)

차에 원예작물 및 약용작물의 뿌리, 줄기, 잎, 꽃과 과일 등을 첨가하여 다양한 맛을 낸다. 주로 민트, 인삼, 생강, 계피, 감초, 국화, 여지(litchi), 장미, 레몬 등이 첨가되고 있다. 가향차와 구별하기 애매한 것도 있다.

## 가향차(加香茶)

차에 '향을 부여한 것(flavoured tea)'으로 넓은 의미에서는 꽃차(花茶)도 포함된다. 전통적으로 유명한 것은 중국의 랍상 소우총(lapsang souchong, 正山小種), 얼그레이(earl grey), 여지홍차(litchi tea, 荔枝紅茶 : 중국 광동 지역에서 여지열매의 과일향을 넣어 만든 중국 홍차로, 양귀비가 즐겨 마셨다) 등이 있다.

과일 향으로는 사과, 망고, 바나나, 살구, 딸기 등이 이용된다. 스파이스향으로는 계피, 민트, 바닐라 등이 이용된다. 그 외에 콜라, 럼주, 아몬드 등이 이용되기도 한다.

랍상 소우총은 중국의 복건성에서 생산되는 고전적인 명차로, 상류계층이 애호하고 있다. 랍상(lapsang, 正山)은 '진짜'라는 뜻이며, 소우총(souchong, 小種)은 '좀 큰 잎'이라는 뜻이다. 랍상 소우총은 건조시킬 때 솔잎을 태운 연기를 사용하여 소나무 향(smoke flavour)을 부여한 것이다. 개성적이고 이국적인 동양의 향을 품고 있어, 유럽에도 애호가들이 있다. 보통 홍차에 소량을 넣고 블렌딩하여 마시면 새로운 풍미를 느낄 수 있다.

얼그레이는 1830년대에 영국의 그레이 백작이 중국에서 가져와 즐긴 데서 유래한 차로, 처음에는 홍차에 베르가못(bergamot) 과일즙을 섞었다. 하지만 지금은 베르가못 정유(精油)를 부여하고 있다. 향이 강해 밀크를 넣지 않아도 되며 아이스티에 적합하다.

여지홍차(litchi tea)는 중국의 양귀비가 즐겨 마셨다는 차로 광동(廣東) 지역에 있던 여지나무의 과일즙을 차에 넣어 마셨다고 한다.

### 꽃차(花茶)

꽃차는 찻잎에 신선한 꽃향기가 흡착되도록 만든 차이다. 중국 당나라 때부터 만들어졌다고 전해지며, 꽃차 중 재스민 차가 85%로 제일 많다. 재스민 꽃 이외에 세계적으로 사용되는 것은 장미, 국화, 유자꽃, 치자, 난 등이다.

재스민차는 어떻게 만들어질까? 먼저 찻잎을 건조시킨 다음 찻잎과 꽃을 차례로 층층이 쌓아 6시간 정도 건조시킨다. 이후 서로 뒤집어 혼합하고 다시 6시간 정도 건조시켜 찻잎에 흡수된 수분을 제거한다.

일반적으로 고급 차는 꽃잎을 체에 쳐서 없애고, 저급 차에는 말린 꽃잎을 첨가하는 경우가 많다. 재스민차는 동양의 이미지를 나타내는 고귀한 향이 특징이다. 그러나 익숙하지 않은 사람에게는 그 향이 너무 강해 거부감을 주기도 한다.

고급 차에 속하는 베트남의 연꽃차는 본래 중국에서 전래되었지만 아주 특이하다. 옛날에는 아침 일찍 반쯤 핀 연꽃 안에 차를 한 주먹 넣고 실로 묶은 채 하룻밤 두었다. 그리고 다음날 차를 끄집어내어 덖어서 건조시킨다. 그것을 한 번 더 연꽃 안에 넣어 다시 꺼내어 덖고 건조시키는 과정을 반복해서 매우 향기로운 연꽃차를 만들었다고 한다.

최근에는 이 제조방법을 간소화하였다. 즉 연꽃의 꽃가루를 채취하여 찻잎과 층층이 쌓아 실온에서 36~48시간 정치시킨 후 꽃가루를 제거하여 12~18시간 동안 천천히 건조하면 연꽃차가 된다. 1kg의 차를 만드는 데 연꽃 600송이분의 꽃가루가 필요하므로 매우 비싸다.

### 긴압차(緊壓茶)

역사상 매우 오래된 차이며 우리나라에서도 삼국시대부터 유래되어왔다. 긴압차는 출하와 보존이 편리하도록, 증제차를 만들어 절구에 넣고 빻아 떡처럼 찧어 말린 것이다. 모양에 따라 떡 모양으로 만든 것은 병차(餠茶)라 하고, 둥근 모양으로 만든 것은 단차(團茶)라 하였다. 엽전처럼 만들어 꿰어 사용하였다고 하여 전차(錢茶)라고도 한다.

모나게 만든 것은 전차(磚茶)라고 하며 차를 압착하여 덩어리로 만들었다. 중국에서는 사용하는 원료에 따라서 녹차로 만든 것은 녹전차, 홍차로 만든 것은 홍전차, 흑차(黑茶)로 만든 것은 흑전차 등으로 부르고 있다.

## 가루차(抹茶)

좋은 차를 이용해 만든 증제차를 다시 가루로 만든 것이 가루차이다. 일본에서는 다도(茶道)에 이용하며, 아이스크림 등 여러 가지 식품에 첨가하여 사용한다. 최근에는 우리나라에서도 생산되고 있다.

## 엽차(葉茶)

끝물 차에 가까운 잎을 따서 시루에 찐 뒤 대나무 채반 등에 말려 손으로 비빈 후 다시 찌는 과정을 몇 회 거쳐서 만들었기 때문에 값이 싸다. 주전자에 엽차를 넣고 끓여 보리차 대용으로 복용해도 좋다.

## 보이차란?

주로 대엽종의 찻잎을 사용하여 녹차처럼 만들어 대나무통이나 상자에 퇴적시켜 방치하면 외부로부터 미생물이 침투해 발효한다고 하여 후발효차 또는 퇴적차라고 부르는 흑차가 있다. 그 중 유명한 것으로 보이차(普洱茶)가 있다. 운남성의 보이가 차의 집산지이기에 붙여진 이름이다. 잎차 모양과 떡차(병차, 긴압차) 모양이 있으나 두 차 간의 성분 차이는 거의 없다. 발효가 끝나면 건조시켜 포대에 넣어 저장하는데 그 기간 동안에 숙성이 계속된다.

다른 차와는 다르게 숙성기간이 길수록 고급이라고 한다. 향미는 떫은맛이 줄고 곰팡이 냄새가 난다. 곰팡이 냄새가 싫으면 소량의 재스민차를 넣어 블렌딩하여도 좋다.

발효 중에 카테킨류가 현저히 감소하는데 특히 몰식자산(gallic acid) 결합 형태인 에피카테킨갈레이트와 에피갈로카테킨갈레이트가 현저히 파괴되어 유리형인 에피카테킨과 에피갈로카테킨은 다소 남아 있고 몰식자산의 함량이 증대된다. 몰식자산은 항돌연변이 및 위암세포의 증식을 억제하는 효과가 강하다는 실험연구가 있다. 향기 성분으로는 다른 차에는 볼 수 없는 페놀류가 생성되며, 발효에 의해 저급 알코올류도 생성된다.

보이차를 건강차라 하여 선호하는 이유는 이 차가 지방을 분해하여 소화를 돕고(기름기를 많이 사용하는 광둥요리와 함께 이용되며 홍콩의 레스토랑에서도 즐겨 사용한다), 변비 해소에도 좋기 때문이다.

녹차는 몸을 냉하게 한다는 말이 있어 왔는데 보이차는 몸을 덥게 한다고 하였다. 몸을 덥게 한다고 한 이유는 녹차 성분이 발효되는 과정에서 변하는 여러 가지 성분의 차이(카테킨이 감소하고 저급 알코올류가 생성되는 등)에서 기인한다고 생각되지만 과학적인 연구가 더 필요하다. 보이차는 가격이 비싸므로 국내에서는 가끔 가짜가 만들어져 유통되기도 하는데, 속성으로 발효시키기 위해서 알코올을 뿌리는 곳도 있다고 한다. 혹자는 그런 알코올 성분 때문에 보이차가 몸을 덥게 하지 않을까 하는 말도 한다.

# 채엽시기에 따른 분류

우리나라의 재래종 차나무를 이용하여 전통적인 방식으로 만든 녹차를 작설차(雀舌茶)라고 한다. 이것은 송나라 때부터 불린 이름으로 어린 차싹의 모양이 참새의 혓바닥 모양을 한 것에 연유한다. 조선시대 중기 이후는 작설이 차의 보통명사가 되어버렸고, 잎차를 가리키게 되었다.

우리나라에서 자라는 재래종 차나무는 중국 소엽종으로 알려져 있다. 일본계 품종인 개량종(주로 야부키타)과는 달리 지리산 지역에서는 4월 초부터 늦어도 5월 하순까지 10~15일 간격으로 네 번 찻잎을 수확한다. 재래종은 개량종에 비해 수확 간격이 비교적 짧고, 잎이 매우 작은 것이 특징이다.

왼쪽부터 우전, 세작, 중작, 대작녹차(하동죽로차)

재래종은 찻잎 따는 시기에 따라 다음과 같이 분류한다.

① 우전(雨前) : 곡우절(4월 20일) 전에 따는 최고급 녹차
② 세작(細雀) : 4월 중 · 하순에 따는 녹차
③ 중작(中雀) : 5월 초순에 따는 녹차
④ 대작(大雀) : 5월 중순에 따는 녹차로 하작(下雀)이라고도 한다.

개량종인 경우는 수확시기가 더 늦어지며 다음과 같이 분류한다.

① 1번 차(첫물차) : 4월 중순에서 5월 초순에 따는 고급 녹차
② 2번 차(두물차) : 6월 중 · 하순에 따는 고급 녹차
③ 3번 차(세물차) : 8월 초 · 중순에 따는 녹차로 하차(夏茶)라고도 한다.

제주도 차밭

보성대한다업

④ 4번 차(네물차) : 9월 하순에서 10월 초순에 따는 녹차로 추차(秋茶)라고도 한다.

찻잎을 따는 시기가 빠를수록 차의 맛이 부드럽고 향이 좋으며 가격이 비싸다. 수확시기에 따라 제조방법을 달리하여 차를 만들기도 한다.

무안강진 차밭(제순자 제공)

잎이 큰 차는 발효차용(신기호 제공)

## 차생활의 흔적이 남아 있는 단어

차례(茶禮)

우리나라의 차례는 음력 초하룻날(설날)과 보름날, 명절, 조상 생일 등에 간단히 음식을 차려놓고 지내는 제사를 말한다. 그러나 본래 차례는 그런 것이 아니었다.

이규태(李圭泰)는 차례를 말하기를 "① 부처님에게 차를 바치고 같은 솥에 끓인 차를 마심으로써 불인융합(佛人融合)을 하자는 의식이요, ② 주지(住持)나 수좌(首座), 행자(行者)가 갈리거나 새로 탈속한 스님, 수계(受戒)한 신자가 생기면 차를 나눠 마시면서 상견(相見)하고 이질요소를 동질화하고 합심·단합하는 의식이요, ③ 이 차례의식의 순서나 서열을 매우 까다롭게 진행함으로써 단체생활에 필요한 질서의식을 심어주는 의식이다"라고 하였다.

이와 같이 차례는 결국 차(茶)를 함께 마심으로 신인(神人)의 융합화, 이질(異質)의 동질화, 난동(難同)의 질서화라는 3대 목적으로 이루어진 의식이다. 이것이 우리나라에 들어와서 오랜 세월이 흐르는 동안에 특히 숭유배불(崇儒排佛) 정책에 따라 내용은 바뀌고 그 명칭만 남은 것이다.

곧 우리나라에서는 신인융합제(神人融合濟)로서 차 대신 술이나 밥 같은 것으로 바뀌게 되었다. 따라서 차례 때는 제주(祭酒)나 제찬(祭饌)을 음복하여 신인융합(神人融合)을 꾀한다.

다식(茶食)

《성호사설(星湖僿說)》에서 말하기를 "우리나라 제사의 사무를 규정한 책에 다식(茶食)이라는 말이 있으며, 이것은 쌀과 밀가루를 꿀에 섞어 뭉쳐서 나무틀 속에 넣고 짓이겨 동그란 과자로 박아내는 것이다. 그런데 이것을 다식(茶食)이라고 하는 이유를 아는 이가 없다"라고 하였다.

대체 차란 것은 맨 처음 생겼을 때는 물에 끓여서 마셨다. 그러나 가례(家禮)에서는 점다(點茶)라고 하여 차를 가루로 만들어서 잔 속에 넣고 끓는 물을 부어 솔로 휘휘 저어서 마시는 것으로, 지금 일본의 차가 모두 이와 같다.

**다관(茶罐), 차종(茶鍾)**

식기 이름

**다천(茶泉), 다촌(茶村), 다방(茶妨)골**

차가 나는 지명

**다담상(茶啖床)**

본래 절에서 손님을 대접하기 위하여 다과를 내어놓는 조그마한 상이나, 지금은 손님을 대접하기 위하여 차려내는 교자상을 말한다.

**차와 다**

'차'는 본래 중국 북부의 음(音)인데 비하여 '다'는 중국 남북조시대의 남조(420~589)의 오(吳)나라의 음(音)이다. 우리나라에는 중국 화북 지역의 '차'와 강남 지역의 '다'가 들어와서 서로 섞여 사용되고 있다.

※ 자료 : 《한국식품문화사》, 이성우

(주) 장원의 제주도 다원(제순자 제공)

**3장**

# 차의 제조

우리나라에서는 사찰과 재래종의 녹차가 생산되는 지역을 중심으로 전통 제법을 고수하고 있다. 찻잎을 따서 바로 덖기도 하고, 햇볕에 말리거나 그늘에 1~3시간 두었다가 덖기도 한다. 만드는 방법에 따라 덖는 온도, 덖고 비비는 횟수, 건조방법 등이 약간 다를 수 있어 나름대로 각각 특징적인 차가 만들어진다.

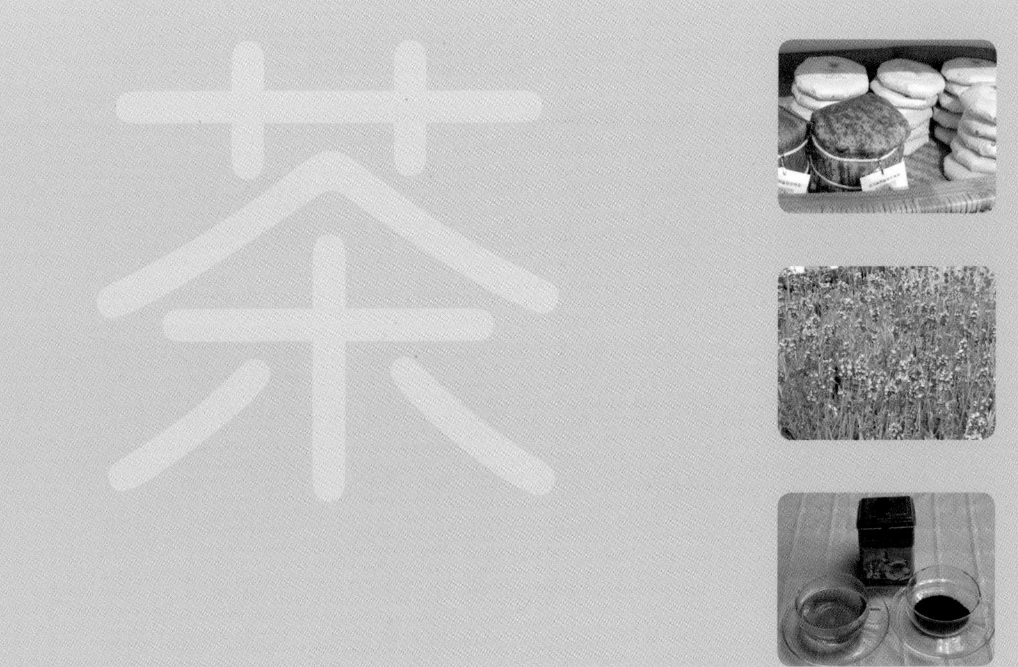

# 역사 속의 차 제조

당나라 때의 육우(陸羽)에 의하면 당시 화북(華北)과 화남(華南) 지역의 산에는 수많은 차가 생산되었고 가공법도 다양하였다. 그 당시에는 찻잎을 쪄서 찧고 굳힌 단차(團茶)가 유명하였다. 단차가 발달한 이유는 찻잎을 산에서 따기 때문에 가지고 내려오는 동안 시들어버리는데, 바로 찌면 산화효소를 파괴할 수 있고, 찧어서 고체의 형태로 만들면 수송이 편리하기 때문이었다.

당나라 중기 무렵에는 다원(茶園)도 생겨 찻잎을 쪄서 손으로 비벼가며 건조시킨 잎차가 만들어졌다. 우리나라에서도 신라시대에는 단차를 마신 흔적들이 있고 조선시대에는 남부지방에서 다식판(茶食板)을 사용하여 단차를 만들었다. 가운데에 대나무로 구멍을 뚫어 건조시킨 후 100개 정도를 새끼로 엮어 엽전 모양으로 만든 전차(錢茶)도 있었다.

다식판은 병판(餠板)이라고 하여 떡이나 과자를 만드는 데도 사용하고 있다. 그래서 옛날에는 전차를 병차(餠茶)라고도 하였다. 육우의 《다경(茶經)》에 나오는 단차는 분말로 하여 가루차로 사용했지만, 조선시대의 전차는 직화로 쬐어 약탕관 속의 물에 넣어 끓이면 차색이 우러나는데, 이것을 차사발에 마셨다고 한다. 오늘날 중국이나 몽골지방에서 음용하는 전차와 같은 방법이다. 현재 우리나라에서 만들고 있는 차는 주로 잎차다.

옛것을 재현한 떡차(차천지)

옛것을 재현한 돈차(차천지)

옛것을 재현한 단차(차천지)

# 녹차의 제조

녹차는 이름 그대로 녹색을 유지하고 있다. 그 이유는 제조의 첫 단계에서 가열함으로써 찻잎에 포함되어 있는 효소의 활동을 중단시켜 차의 탄닌(폴리페놀이라고도 하며, 차의 탄닌은 카테킨류이다)은 산화되지 않고 엽록체인 클로로필도 거의 변화되지 않고 남아 있게 하기 때문이다. 가열방법으로는 수증기를 이용하는 방법과 솥에서 덖는 방법이 있다. 수증기를 이용하여 만든 차를 증제차(蒸製茶) 또는 찐차라고 하며, 솥에서 덖어 만든 차를 덖음차라고 한다.

## 전통적인 방법

### 덖음차

찻잎에 들어 있는 산화효소를 파괴하기 위해 솥에 찻잎을 넣고 열을 가해 덖고 식혀서 비비는 과정을 몇 번 반복하여 수분을 제거하여 만드는 전통적인 방법으로 만든 차이다. 우리나라는 사찰에서, 그리고 재래종의 녹차가 생산되는 몇몇 지역을 중심으로 나름대로의 전통 제법을 고수하고 있다. 찻잎을 따서 바로 덖기도 하고 햇볕에 말리거나 그늘에 1~3시간 두었다가 덖기도 한다. 만드는 방법에 따라 덖는 온도, 덖고 비비는 횟수, 건조방법 등이 약간 다를 수 있어 나름대로 특징적인 차가 만들어진다.

이 방법은 표준화되어 있지는 않지만, 대체로 소량(1~2kg)의 찻잎을 250~320℃ 온도의 솥에 넣어 7~10분 동안 덖고(온도가 더 낮으면 더 오랫동안 덖는다) 식혀서 체에 내거나 멍석에 내어 손으로 비비기를 한 후 고르게 덖고, 다시 처음 덖음 온도보다 약간 낮은 온도에서 5~6분 동안 덖고 비빈다. 보통 이 과정을 3~5회 반복한다.

비비기를 한 뒤에는 차를 건조하는데 온돌방에 한지를 깔고 말리든지 선반에서 자연건조한다. 필자는 온돌방에서 건조할 때 제습기를 사용하라고 권유한 적이 있는데, 매우 효과가 좋았다는 말을 들었다. 전통적인 방법으로 솥에 덖고 비비는 과정을 9번까지 되풀이한다는 말이 있듯이, 덖는 시간이 짧고 횟수가 많을수록 차의 질이 좋아진다는 말이 전해진다. 특히 마지막 열처리는 비교적 낮은 온도에서 충분히 덖어 마무리하는 것이 좋으며, 이 공정은 차맛에 큰 영향을 미친다고 한다. 전통적인 방법에서도 비비거나 건조하는 과정에 간단한 기계를 도입하기도 한다.

보편적으로 우리나라 사람들은 맵고 짜게 먹는 습성이 있어 강한 맛을 가진 음료를 선호하는 경향이 있는데, 구수한 냄새를 내기 위하여 너무 높은 온도에서 장시간 열처리를 하면 녹차 고유의 성분이 파괴되어 효력도 감소한다. 또 탄

냄새가 나기 때문에 덖음차에서는 특히 열처리에 세심한 주의가 필요하다.

### 증제차

찻잎에 들어 있는 산화효소를 파괴하기 위하여 수증기를 찻잎에 통과시키는 방법을 이용한 차이다. 재래방식은 찻잎을 시루에 찌거나 열탕에 통과시켜 만들었다. 경상남도 사천군에 있는 다솔사에는 효당 최범술의 다음과 같은 제다법이 전해 내려오고 있다.

**찌기 혹은 데치기 → 물 빼기 → 비비기 → 가마 덖음 → 비비기 → 온돌이나 햇볕에 말려 건조**

## 기계식 제다법

생산능률을 높이고 품질의 재현성을 살리며 생산비를 낮추기 위하여 재래식 방법을 기계화하여 대량 생산하는 방법이다. 우리나라에서는 제다공정의 일부분을 기계로 바꾸고 있다. 대기업의 경우 모든 공정을 기계화하여 재현성 있는 차를 만들고 있다.

제조공정을 컴퓨터로 관리하는 자동생산라인

## 茶 녹차의 전통적인 제조 과정

❶ 손으로 잎을 딴다.

❷ 수확한 찻잎

❸ 솥에 덖기

❹ 비비기(유념)

❺ 자연건조

❻ 멍석에서 건조

❼ 온돌방 건조

❽ 기계건조

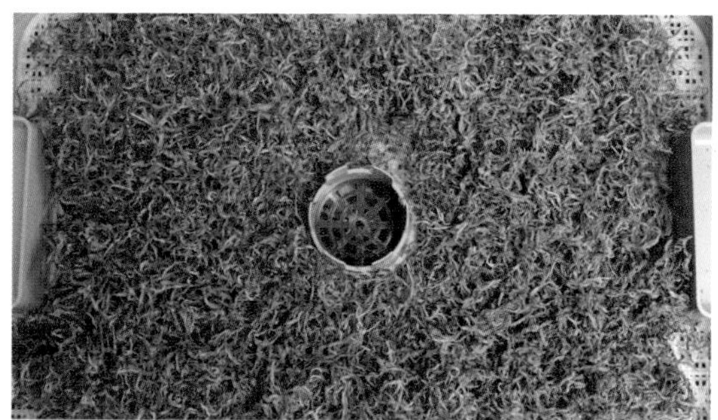

❾ 완성된 덖음차

(제순자 제공)

## 덖음차

찻잎 → 급엽 → 1, 2차 덖음 → 냉각 → 유념 → 중유 → 1차 건조 → 2차 건조 → 건조 → 체별 선별 → 건조 → 줄기 선별 → 블렌딩 → 포장

① 급엽 : 수확한 찻잎을 급엽기를 통해 1차 덖음기로 공급한다.

② 덖음 : 덖음차의 품질을 결정하는 가장 중요한 공정이다. 1차와 2차 덖음을 해줌으로써 풋내를 없애고 구수한 향미가 생기도록 한다.

③ 냉각 : 열에 의한 엽록소의 파괴를 줄이기 위해 덖은 찻잎을 식힌다.

④ 유념 : 찻잎을 비비는 공정이다. 찻잎을 비빔으로써 찻잎의 세포막을 파괴시켜 차를 우릴 때 각종 수용성 성분이 잘 우러나오도록 하는 공정이다.

⑤ 중유 : 비비는 과정에서 생기는 찻잎 덩어리를 풀어주고 찻잎 중의 수분을 고르게 하는 공정이다.

⑥ 1차 건조 : 덖음차 고유의 구수한 향미가 나도록 하는 과정이다.

⑦ 2차 건조 : 덖음차 특유의 구부러진 찻잎 모양을 만들어준다.

⑧ 건조 : 자동 열풍건조기로 건조한다. 찻잎에 구수한 향미가 남아 있고 수분 함량이 4% 이하가 되게 건조한다.

## 증제차

찻잎 → 급엽 → 증열 → 냉각 → 조유 → 유념 → 중유 → 정유 → 건조

① **급엽** : 수확한 찻잎을 급엽기를 통해 증열기로 공급한다.

② **증열**(蒸熱) : 보일러에서 발생시킨 수증기로 찻잎 중의 효소를 불활성화시킨다. 30~40초 동안 가열처리한다. 찌는 시간을 1분 정도 길게 하여 찻잎의 세포벽을 파괴시켜서 수용성 성분이 빠른 시간 내에 우러날 수 있도록 특별히 만든 것이 심증차(深蒸茶)이며, 찌는 시간을 2분 정도 길게 하여 성분이 냉수에도 우러나올 수 있도록 만든 것이 냉녹차(冷綠茶)이다.

③ **냉각** : 증기로 찐 찻잎을 급랭시켜 열에 의해 찻잎이 변색되는 것을 막고, 잎 표면에 묻어 있는 수분을 제거하여 색의 변화를 억제하는 공정이다.

④ **조유** : 열풍 중에서 압박시키면서 교반이 쉽게 되도록 하며, 찻잎 중의 수분을 밖으로 배출하여 수분 함량을 약 50%로 감소시키는 공정이다(생잎의 수분 함량은 약 78%임).

⑤ **유념** : 찻잎을 비벼서 찻잎 각 부분의 수분 함량을 균일하게 한다. 동시에 찻잎의 세포조직을 적당히 파괴해 찻잎 성분이 물에 잘 우러나게 하고 찻잎 모양도 좋아지게 하는 공정이다.

⑥ **중유** : 비비기를 한 찻잎의 수분을 적당히 제거하여 다음 공정인 정유단계에 적합한 찻잎 상태를 만들기 위해 교반과 가압으로 찻잎 표면 수분과 내부 수분의 확산을 균형 있게 하여 열풍으로 건조한다(수분 함량을 26%까지 감소).

⑦ **정유** : 찻잎 내부의 수분을 배출시켜 건조시키고 증제차 특유의 침상형(針狀型)으로 만드는 공정이다.

⑧ **건조** : 정유기에서 나온 찻잎의 수분 함량은 12~13%이므로 70~80℃의 열풍건조기에서 건조시켜 최종 수분 함량이 4~5%가 되게 한다.

## 전통적인 제법과 현대적인 제법, 덖음차와 증제차는 어떻게 다를까?

전통적인 제법과 현대적인 제법

| 전통적인 제법 | 현대적인 제법 |
|---|---|
| –비비기가 약하므로 맛이 산뜻하고, 단백하며, 색깔은 연록색이며, 차가 우러나는 데 시간이 오래 걸린다. | –비비기가 강하므로 맛이 진하고, 색깔은 녹색이며, 차가 빨리 우러나온다. |

덖음차와 증제차

| 덖음차 | 증제차 |
|---|---|
| –덖어서 증제차보다 구수하고 진한 향미를 내지만, 색깔은 황색을 띤다.<br>–차의 모양은 구불구불하며, 제품의 포장을 갈색으로 하여 증제차와 구별하기도 한다. | –차 본래의 풋내가 나고 색깔은 녹색이 강하다. 차의 모양은 침상 모양을 하고 있으며, 제품의 포장을 초록색으로 하여 덖음차와 구별하기도 한다. |

# 홍차의 제조

홍차의 기원은 중국으로, 중국 홍차의 제법이 있지만 일반적인 제조공정은 다음 세 가지로 나뉜다.

## 순오소독스(orthodox) 홍차 제조법

중국의 전통적인 방법을 개량하여 기계화한 방법이다.

**찻잎 → 실내 자연위조 → 유념 → 분별 → 유념 → 분별 → 발효 → 건조 → 반제품(완제품은 출고 직전에 만든다.)**

① **찻잎** : 홍차를 만들 때는 카테킨 함량이 많은 인도 대엽종 찻잎을 많이 이용한다. 채엽은 일창이기(一槍二旗, 한 싹에 두 잎이 달린 것)를 기준으로 한다.

② **실내 자연위조** : 순오소독스(orthodox) 홍차 제법에서는 통풍이 잘 되는 위조실에서 자연위조를 행한다. 위조 선반에 찻잎을 얇게 펴서 25~28℃의 온도에서 16~18시간 동안 정치한다. 이때 향기가 생기며 위조된 잎은 매우 부드러운 촉감을 가진다.

③ **유념** : 순오소독스(orthodox) 홍차 제법에서는 유념기만 이용하여 비벼준다. 회전수가 분당 45~50회인 유념기에 의해 찻잎의 세포가 파괴되어 산화효소와 폴리페놀이 반응하여 발효가 잘 되게 해준다. 체별하여 거친 잎은 다시 회전수가 분당 35~40회인 유념기로 유념을 한다.

④ **분별** : 유념된 찻잎은 세포로부터 액즙이 나와 펙틴 등의 성분에 의해 굳어진 공과 같은 것이 된다. 이것을 풀어주면서 체별하여 거친 잎을 다시 회전수가 분당 35~40회인 유념기로 유념을 한다.

⑤ **발효** : 발효실에서 수 센티미터 두께로 퇴적하여 정치한다. 발효실의 온도는 20~26℃, 습도는 90%로 하고 2~4시간 정도 발효시킨다.

⑥ **건조** : 고온(70℃)의 열풍으로 20분 동안 건조시켜 수분 함량을 5% 이내로 한다.

### 반오소독스(orthodox) 홍차 제조법

인공위조를 하며 유절기를 사용한다.

**찻잎 → 인공위조 → 유념 → 유절기 → 헤치기 분별 → 가압유념 → 분별 → 발효 → 건조 → 반제품(완제품은 출고 직전에 만든다.)**

① 인공위조 : 자연위조는 넓은 장소가 필요하므로 최근에는 거의 인공위조를 행한다. 위조대에 찻잎을 20~30cm 두께로 쌓아 펴고, 아래쪽으로 공기를 흘려준다(팬으로 바람을 보낸다). 필요에 따라 공기의 온도를 조절하면 강제적으로 위조되므로 시간이 단축된다.

② 유념 : 회전수를 분당 40회로 하여 유념을 한다.

③ 유절기 : 유념기와 더불어 유절기를 이용하여 찻잎을 15분 동안 파쇄한다. 이때 찻잎의 세포는 강하게 분쇄되어 세포막이 부서져 내용물이 섞이고 공기와의 접촉도 증가된다.

④ 가압유념 : 차를 누르면서 유념해준다.

⑤ 건조 : 80~90℃의 열풍기로 20분 동안 건조시킴으로써 발효를 정지시키고 수분 함량을 5% 미만으로 한다.

## CTC(Crush · Tear · Curl) 홍차 제조법

**찻잎 → 인공위조 → 유절기 → CTC → 인공발효 드럼 → 건조 → 반제품**

① CTC : Crushing(분쇄), Tearing(찢기), Curling(비틀기)의 조작을 동시에 행하

는 기계를 이용하므로 짧은 시간 안에 찻잎의 세포가 많이 파괴된다.

② **인공발효 드럼**(drum) : 회전하는 드럼층에 CTC기에서 나온 찻잎을 넣어 습도 95%의 공기 중에서 45~75분 동안 발효를 시키므로, 다른 방법보다 발효 시간이 크게 단축된다.

# 우롱차의 제조

우롱차(烏龍茶)는 중국의 특산차이다. 그래서 중국차 하면 우롱차를 연상하지만, 우롱차의 생산량은 중국에서 생산되는 차 생산량의 10% 미만이다. 우롱차는 부분발효차에 속하므로 찻잎의 효소작용을 어느 정도 이용하기 때문에 제조공정이 녹차보다 복잡하다.

우롱차는 복건성에서 나는 우롱차 전용 품종인 중국종 차나무의 잎으로 만들어지며, 중엽종과 대엽종의 중간 품종도 사용된다. 제조공정과 발효 정도의 차이에 의해 여러 가지의 우롱차가 만들어진다. 대만에서는 부분발효차 중 발효 정도가 낮은 것 순서대로 포종차(包種茶), 철관음차(鐵觀音茶), 우롱차라고 한다.

## 포종차 제조법

찻잎 → 일광위조 → 실내위조 · 교반 → 덖음 → 유념 → 헤치기 → 건조

① **일광위조** : 찻잎을 햇빛으로 시들게 하는 과정이다. 온도는 30~40℃가 적당하다.

② **실내위조 · 교반** : 일광위조로 중량이 10~15% 줄었을 때 실내에 옮겨 시들게 하는 공정이다. 비가 올 때나 기온이 낮은 경우에는 열풍위조기를 사용한다. 1~2시간 동안 정치(靜置)시킨 후 첫 번째의 교반(뒤집기)은 1분 간격으로 가볍게 하고, 다음에는 강하게 하되 손으로 하기도 하고 기계를 이용하기도 한다. 마지막 교반이 끝난 후 1~3시간 정치한 후 다음 공정으로 간다. 이 공정으로 찻잎의 무게가 20~30% 줄어든다.

③ **덖음** : 160~180℃의 덖음솥을 이용한다. 원통형 기계를 사용할 때는 찻잎 투입량에 따라 다소 차이는 있지만, 140℃~160℃에서 2~3분 동안 한다. 찻잎 무게는 본래 중량의 38~48%까지 줄어든다.

④ **유념** : 10분 동안 유념을 한다.

⑤ **헤치기** : 차를 풀어준다.

⑥ **건조** : 열풍건조기에서 말리면 수분 함량이 4%가 된다.

## 철관음차 제조법

철관음차를 만들 때는 유념기에서 유념한 후 단유(團揉)라는 조작을 행한다. 단유란 찻잎을 구슬과 같이 잘 말아지는 모양으로 만드는 과정으로, 유념 후에 헤치기를 한 다음 재차 건조하여 반건조 상태에서 하룻밤 정치하여 특제의 보자기에 싸서 단유기에 넣고 유념하는 것을 말한다. 다시 덖음을 행하고 두 번째의 단유를 한다. 5~6회 단유를 반복한 다음 건조시켜 제품을 만든다.

## 우롱차 제조법

넓은 의미의 우롱차 안에는 포종차, 철관음차 등이 포함되지만 좁은 의미에서는 대만산 고급 우롱차와 같이 발효 정도가 강한 것만을 말한다. 대만산 고급 우롱차를 만들 때 포종차나 철관음차의 제법과 다른 공정은 찻잎 → 일광위조 → 실내위조 및 교반 → 덖음을 한 후, 바로 1차 유념 과정에 들어가지 않고 물을 축인 보자기로 덖은 찻잎을 싸서 10~20분 동안 정치한 다음 유념 과정으로 들어간다. 이렇게 하는 목적은 잎을 부드럽게 하고 유념할 때 찻잎이 부서지는 것을 방지하기 위해서이다.

녹차는 일창이기(차싹 1개에 찻잎이 2장 붙은 것)를 이용해 만들지만 우롱차 제조에는 일창삼기(차싹 1개에 찻잎이 3개 붙은 것)를 쓴다. 찻잎의 발효는 먼저 잎 가장자리에서부터 시작되어 점차 엽맥으로 퍼지면서 녹색 부분은 더 밝아진다. 잎 가장자리가 붉게 되었을 때 발효가 끝났다고 한다. 이때 잎은 적색 테두리를 띤 녹색 잎으로 묘사된다.

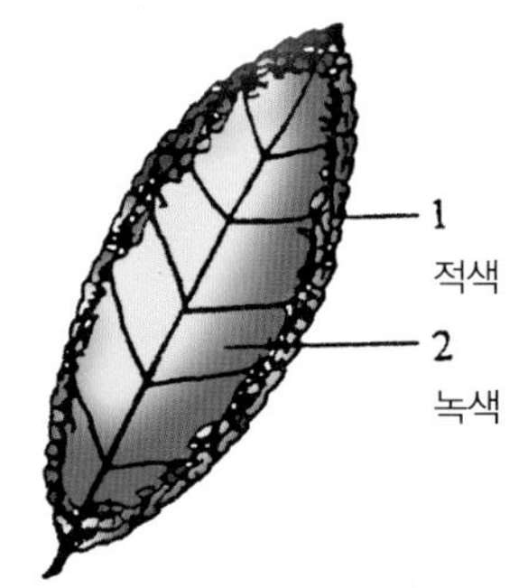


발효가 끝난 우롱차 제조용 찻잎
(Food Review)

## 홍차의 등급은 어떻게 매겨질까?

홍차는 잎의 크기와 색깔에 따라 분류되는데 대체로 줄기 끝에서 난 어린잎일수록 향과 맛이 뛰어나다. 따라서 찻잎의 크기가 작은 것이 고품질의 차이다.

FOP(Flowery Orange Pekoe)는 차나무에서 제일 위에 나는 흰 털이 많고 어린싹을 말하며, 팁(tip)이라고도 한다. OP(Orange Pekoe)는 첫 번째의 어린잎을 말한다. 솜털로 덮여 있고 우린 찻물의 색깔이 엷은 오렌지색을 띠고 있다. 단순히 실론차와 인도차의 대표적인 브랜드를 의미할 때도 있다. P(Pekoe)는 두 번째의 어린잎이며 찻물색은 OP보다 진하다. 페코(pekoe)라는 말은 백호(白毫), 즉 흰솜털이라는 중국어로 어린싹을 뜻한다. PS(Pekoe Souchong)는 세 번째의 어린잎이다. S(Souchong)는 네 번째의 어린잎이다. 홍차를 만들 수 있는 잎 중 가장 큰 잎을 말한다.

건조를 끝낸 홍차 반제품은 분말과 줄기를 제거한 후 체질을 하여 크기별로 나눈다.

파쇄형 홍차는 Broken(약자 B), 더 가늘게 파쇄된 것은 Fannings(약자 F)라고 한다. 예로서 BOP(Broken Orange Pekoe)는 입자 크기가 2~3mm이고 차싹을 포함한 상급품에 많다. 시판되고 있는 대부분의 홍차는 BOP이다. 찻물색은 진하고 떫은맛이 있으며 향미가 뛰어나다. BOPF(Broken Orange Pekoe Fannings)는 BOP보다 작은 1~2mm 크기이며 티백용으로 사용된다. D(Dust)는 분말에 가깝다. 주로 티백 원료로 사용된다.

일반적으로 품질이 좋은 순서라고 하면 FBOP 〉 OP, BOP 〉 P, BP 〉 F이다.

**4장**

# 맛과 색깔, 품질을 결정하는 차의 성분

차의 독특한 맛의 주성분 중 주로 쓴맛과 떫은맛은 카테킨류에 기인한다. 하지만 카페인과 사포닌도 쓴맛에 약간 영향을 주며, 감칠맛과 단맛은 주로 아미노산류에 기인한다. 아미노산류에 비해 적게 들어 있는 핵산물질과 설탕, 포도당, 과당 등의 당류도 감칠맛과 단맛을 내는 데 관여한다.

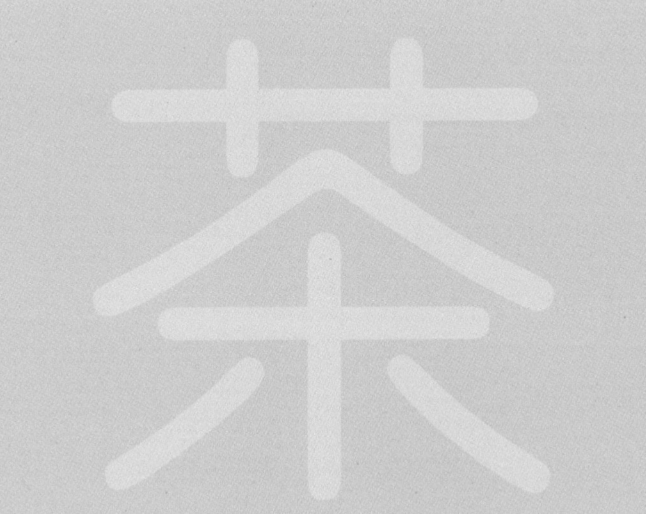

# 차의 맛 성분

차가 세계인의 기호음료가 된 이유는 크게 두 가지로 볼 수 있다.

첫째, 그 맛과 향기가 사람들의 기호에 맞기 때문이다.

둘째, 차의 성분이 건강을 증진시키는 것이 과학적으로 알려졌기 때문이다.

이렇게 차의 풍미가 뛰어나고 색이 아름다우며 건강을 증진시키는 것은 그런 것을 가능하게 하는 화학 성분이 모두 차에 들어 있기 때문이다.

이미 언급했듯이 세계 각국에서 생산되는 차는 그 종류마다 풍미가 조금씩 다르다. 이것은 차나무의 품종이나 산지, 기후, 만드는 법 등이 각기 다른 데서 기인하는 것이다. 하지만 엄밀하게 말하면 그로 인해 차의 구성 성분의 함량이 조금씩 다르기 때문이다. 어떤 성분은 색에 기여하고, 어떤 성분은 차의 풍미에 기여한다. 효능에 기여하는 성분이 따로 있는가 하면, 카테킨이라는 성분은 맛이나 색, 효능에 모두 관여하기도 한다.

생찻잎의 대부분은 수분(75~80%)이 차지하지만, 고형분 중에서 가용성 성분은 50% 미만이다. 가용성 성분이란 물에 녹는 물질을 말하는데, 우리에게 맛을 주는 차의 탄닌인 폴리페놀, 아미노산, 카페인, 당 등을 말한다. 그 중에서 폴리페놀은 13~30%를 차지하며, 차의 탄닌 혹은 카테킨이라고 한다.

찻잎 중의 고형분은 섬유질 50%, 단백질 15%(효소 성분을 포함), 탄수화물 7%(펙틴 3.2~6.4%), 설탕 0.9~2.3%, 포도당+과당 0.3~0.8%, 지질 7%, 유리 아미노산과 펩타이드 1.6~5%, 카페인 3~4%, 무기질 5%, 유기산 0.5%로 구성되어 있으며 핵산물질, 사포닌, 향기 성분 등도 들어 있다.

## 녹차의 맛 성분

녹차는 떫은맛, 쓴맛, 감칠맛, 단맛 등이 어우러진 독특한 맛을 낸다. 처음 차생활을 시작하는 사람의 경우에 이러한 녹차의 참맛을 느끼는 데는 다소 시간이 걸리는 것 같다. 차를 처음 접하는 사람은 차를 마실 때 얼굴을 찡그리는 일이 자주 있다. 그것은 차의 맛에 익숙하지 않아 떫은맛과 쓴맛에만 민감하게 반응하기 때문이 아닌가 싶다. 차에 익숙하게 된 사람은 오히려 향과 더불어 감칠맛과 단맛을 더 민감하게 느낀다.

차의 독특한 맛의 주성분 중 주로 쓴맛과 떫은맛은 카테킨류에 기인하지만, 카페인과 사포닌도 쓴맛에 약간 영향을 주며, 감칠맛과 단맛은 주로 아미노산류에 기인한다. 아미노산류에 비해 적게 들어 있는 핵산물질과 설탕, 포도당, 과당 등의 당류도 감칠맛과 단맛을 내는 데 관여한다.

## 카테킨(폴리페놀)

카테킨은 찻잎에 들어 있는 성분 중 가장 중요한 것의 하나이다. 맛뿐만 아니라 색에도 깊이 관여하며 차의 생리적 기능 성분으로서도 가장 많은 작용을 한다. 지금까지 약 70여 가지 종류의 카테킨이 단리되어 구조가 밝혀졌다. 카테킨은 플라반-3-올(flavan-3-ol) 유도체로서 화학구조상 플라보노이드(flavonoid)류에 속한다.

주요 카테킨류의 구조는 다음 그림과 같다.

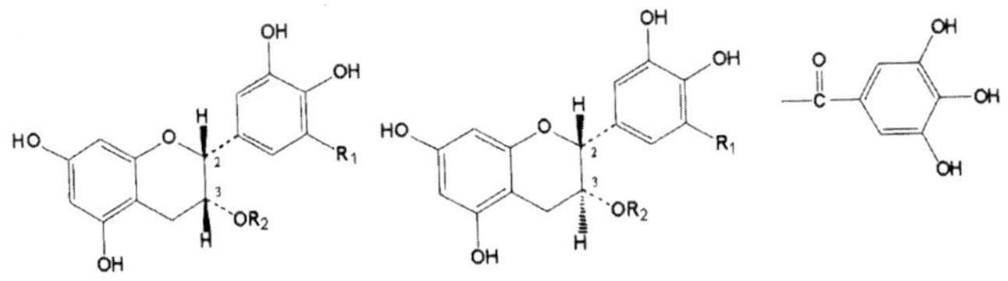

(−)형 (+)형 G : galloyl

(−)형과 (+)형은 화학구조의 입체적 차이이다.

차에 들어 있는 카테킨의 종류 중에서 에피카테킨과 에피갈로카테킨은 쓴맛을 내며 저농도에서는 뒷맛이 달고 떫은맛이 적다. 에피카테킨갈레이트와 에피갈로카테킨갈레이트 등의 갈레이트는 떫은맛과 쓴맛이 강하다.

떫은맛과 쓴맛이 있는 몰식자산(gallic acid)과 에스터형인 에피카테킨갈레이트와 에피갈로카테킨갈레이트는 찻잎의 수확시기가 늦어질수록 증가하는 경향이 있다. 각 카테킨류의 함량은 차의 종류에 따라 다르지만 녹차에는 에피갈로카테킨갈레이트의 함량이 가장 많다.

차의 쓴맛과 떫은맛은 전체의 70~75%가 카테킨류에 의해 정해진다고 한다. 하지만 카테킨류는 차의 품질을 구별하는 데 있어 아미노산만큼 영향을 끼치지는 않는다.

**茶 차에 들어 있는 카테킨의 종류**

| 종류 | R1 | R2 |
|---|---|---|
| 에피카테킨 | H | H |
| 에피갈로카테킨 | H | G |
| 에피카테킨갈레이트 | OH | H |
| 에피갈로카테킨갈레이트 | OH | G |
| 카테킨 | H | H |
| 갈로카테킨 | OH | H |

## 아미노산

차에 들어 있는 아미노산류로는 아스파르트산(aspartic acid), 트레오닌(threonine), 글루탐산(glutamic acid), 글리신(glycine), 알라닌(alanine), 발린(valine), 메티오닌(methionine), 이소류신(isoleucine), 류신(leucine), 티록신(tyrosine), 페닐알라닌(phenylalanine), 리신(lysine), 히스티딘(histidine), 알기닌(arginine), 글루타민(glutamine), 아

스파라진(asparagine), 트립토판(tryptophan), 테아닌(theanine) 등이 있다.

이 가운데 테아닌은 아미노산 중 차에 가장 많이 들어 있으며 그 함량은 차의 품질을 결정하는 큰 요인이기도 하다.

테아닌은 글루탐산과 에틸아민으로부터 형성된 아미드로서 차 특유의 감칠맛과 단맛을 결정한다. 테아닌은 햇볕을 차단하여 일조량을 감소시킴으로써 찻잎에 축적된다. 이 원리를 이용하여 감칠맛이 풍부한 옥로차나 별가리개차를 만든다.

햇볕을 쪼일 경우 테아닌은 카테킨으로 변한다. 그러므로 수확시기가 늦어질수록 테아닌의 양은 감소하고 카테킨의 양은 증가한다.

다음 표는 국내에서 생산되는 개량종 녹차(야부키타)의 테아닌 함량과 중요 아미노산류의 함량비를 나타낸 것이다.

**茶 개량종 녹차의 테아닌과 총 질소 함량**

| 차 종류 | 테아닌(mg/100g) | 총 질소(건조물 %) |
|---|---|---|
| 증제 1번 차(4월에 수확한 고급 차) | 2235 | 4.68 |
| 증제 2번 차(6월에 수확한 중급 차) | 856 | 3.38 |
| 증제 3번 차(8월에 수확한 하급 차) | 209 | 3.20 |
| 덖음 1번 차(4월에 수확한 고급 차) | 2106 | 5.44 |
| 덖음 2번 차(6월에 수확한 중급 차) | 1059 | 4.57 |
| 덖음 3번 차(8월에 수확한 하급 차) | 467 | 3.63 |

### 茶 증제차의 중요 아미노산 조성

| 아미노산 | 전체 아미노산에 대한 비율(%) | |
|---|---|---|
| | 1번 차 | 2번 차 |
| 아스팔트산 | 6.60 | 8.45 |
| 세린 | 3.74 | 4.03 |
| 글루탐산 | 9.44 | 8.45 |
| 글루타민 | 6.75 | 3.98 |
| 테아닌 | 55.48 | 54.58 |
| 알기닌 | 9.44 | 1.77 |

### 茶 덖음차의 중요 아미노산 조성

| 아미노산 | 전체 아미노산에 대한 비율(%) | |
|---|---|---|
| | 1번 차 | 2번 차 |
| 아스팔트산 | 5.79 | 8.49 |
| 세린 | 4.17 | 1.54 |
| 글루탐산 | 6.83 | 8.62 |
| 글루타민 | 7.23 | 7.38 |
| 테아닌 | 55.67 | 49.15 |
| 알기닌 | 6.68 | 2.20 |

## 홍차의 맛 성분

홍차의 맛은 녹차와 구별된다. 산화에 의해 카테킨의 양이 감소되므로, 홍차의 맛은 카테킨류의 산화에 의해 형성된다. 홍차 생엽은 강한 쓴맛을 가지고 있지만 카테킨류가 산화중합되면 쓴맛은 감소하고 약간 상쾌한 떫은맛이 난다.

상쾌한 떫은맛 성분은 산화중합물인 테아플라빈(theaflavin)류와 그 외 중 정도의 분자량을 가진 카테킨의 산화생성물에 의한다. 여기에 카페인이 부가되어 홍차의 맛이 된다.

## 우롱차의 맛 성분

우롱차의 맛은 녹차에 비해 쓴맛과 떫은맛이 약하고 뒷맛이 달고 중후하다. 이것은 주로 발효에 의해 카테킨이 감소되고 카테킨류로부터 생성된 여러 종류의 카테킨 관련 화합물이 생성되기 때문이다.

발효 정도가 낮은 포종차의 경우 카테킨의 감소율이 낮으며, 우롱차는 발효에 따라 그 정도는 다르나 감소율이 높다. 우롱차의 카테킨 감소율의 변동이 심한 것은 그 제법이 다양하기 때문이다.

# 차의 색깔 성분

## 녹차의 색깔 성분

찻잎의 색깔을 결정하는 성분은 엽록소(클로로필)와 카로티노이드류이다. 엽록소에는 a형(청록색)과 b형(황록색)이 있어 자연계에 약 3 : 1의 비율로 존재한다. 녹차에는 건조물 1g당 엽록소가 1.4mg이 들어 있다.

카로티노이드류는 찻잎에서 16종류가 분리되었는데 건조물 1g당 약 0.25mg이 들어 있다. 카로티노이드는 탄소와 수소만으로 이루어진 카로틴과 산소가 추가하여 알코올이나 케톤, 알데하이드형으로 이루어진 잔토필(xanthophyll)이 있는데 총 카로틴의 90%는 베타카로틴이 차지한다.

잔토필의 종류로는 루테인(lutein)과 제아잔틴(zeaxanthin)의 함량이 비교적 높은 편이다. 차가 성숙함에 따라 카로티노이드의 함량은 점차 증가한다.

녹차의 엽록소는 햇볕을 가려주는 차광에 의해 함량이 증가하므로, 옥로나 볕가리개차의 찻물색은 초록색이 진하다. 한편 녹차의 찻물색에 주로 관여하는 색소 성분은 황색 색소인 플라보놀(flavonol) 배당체가 많다.

플라보놀 배당체란 켐페롤(kaempferol), 케르세틴(quercetin), 미리시틴(myricetin)을 아글리콘(aglycone : 당을 함유한 배당체 중에서 당을 제외한 부분)으로 하는 이당체나 삼당체이다. 플라본 배당체도 매우 많이 알려져 있다. 녹차의 찻물색에는 홍차와 마찬가지로 카테킨의 산화중합물도 기여한다.

**茶 차의 카로티노이드 분석(mg/건조물100g)**

| 카로티노이드 | 1번 차 | 2번 차 | 3번 차 | 4번 차 |
|---|---|---|---|---|
| 총 카로티노이드 | 25.4 | 35.8 | 41.4 | 126.1 |
| 잔토필 | 17.5 | 23.8 | 30.2 | 72.2 |

## 홍차의 색깔 성분

홍차의 찻물색은 품질에 큰 영향을 미친다. 홍차 제조공정에서 위조(시들게 하는 공정)시킨 잎은 생엽과 색깔이 거의 같다. 하지만 유념(비비는 공정)에 의해 세포가 파괴되어 액즙이 나오면서 황갈색에서 적갈색으로 된다. 그리고 발효에 의해 갈색이 진해진다.

이 적갈색은 밝은 오렌지색의 테아플라빈(theaflavin), 진한 홍색의 테아루비긴(thearubigin)과 테아루비긴이 산화중합한 적갈색의 3종류가 혼합하여 된 것이다. 이 세 종류의 혼합비율에 의해 차의 색깔이 결정된다.

테아플라빈은 카테킨류가 폴리페놀옥시데이스의 작용에 의해 이량체(2분자 중합)로 된 것이다. 테아루비긴은 더 산화되어 아미노산이나 단백질과 결합한 것으로 생각되어진다. 산화나 중합이 진행됨에 따라 색은 갈색에 가깝게 되고 향미나 품질도 저하된다.

## 우롱차의 색깔 성분

부분발효차의 찻물색에 관여하는 성분은 기본적으로 홍차와 같으나 발효의 정도와 조건에 의하여 테아루비긴, 테아플라빈 및 산화중합물의 구성과 함량이 홍차와는 다르다. 테아플라빈의 함량은 홍차의 1/10에 지나지 않는다.

또 최근에는 우롱차로부터 새롭게 우롱호모비스플라반이란 물질이 분리되었고 발효에 의한 이차 폴리페놀 물질 및 이것들의 이차적 산화에 의해 형성된 산화중합물의 구조가 구체적으로 밝혀지고 있다.

## 홍차에서 크리밍(creaming) 현상이란?

뜨거운 열탕으로 홍차를 우려내어 식히면 백색으로 혼탁해지는 현상을 크리밍(creaming) 혹은 크림다운(cream down)이라 하는데, 고급 홍차에서 흔히 볼 수 있는 현상이다. 이 원인을 밝히기 위해 많은 연구자가 실험을 했는데, 클로로포름 처리를 하여 카페인을 제거했을 때 이 현상이 거의 나타나지 않았다.

연구 결과 크리밍 현상은 카페인과 카테킨류의 결합에 의한 것이라고 밝혀졌다. 중합형 카테킨인 테아플라빈, 테아루비긴뿐만 아니라 유리형 카테킨과 다당, 단백질 및 다른 화합물도 크리밍 현상에 관여하는 것이 밝혀졌다. 카페인과 카테킨류의 복합체가 뜨거운 열탕에서는 용해되어 있다가 온도가 낮아짐에 따라 석출되어 나오기 때문에 뿌옇게 보이는 것이다.

밝고 황금빛이 나는 크리밍 현상을 나타내는 차가 우중충하고 혼탁한 크림 현상을 나타내는 차보다 좋은 차이다.

각종 차 드립

# 차의 품질과 성분

## 녹차의 품질과 성분

녹차 품평회를 할 때 과학적으로 근거가 되는 성분의 유무나 함량에 의해 녹차의 품질을 결정할 수 있다면 매우 바람직할 것이다. 그러나 녹차의 성분과 품질 간의 상관관계를 산출하는 것은 그리 간단한 것은 아닌 것 같다. 품질을 판정할 때는 차의 외관, 색깔, 향기, 찻물색 및 맛을 관능적으로 종합하여 정하기 때문이다. 여러 가지 연구 결과 대체로 고급차는 총 질소량, 총 아미노산량, 테아닌, 글루탐산 등의 감칠맛 성분이 많았다. 또 총 질소와 카페인 등의 가용 성분이 많았고 카테킨과 유리 환원당은 적었다.

### 녹차 제조 및 보관 중의 성분 변화와 품질

녹차는 찌거나 덖는 제조공정상 효소를 불활성화시키기 때문에 대체로 찻잎 성분이 그대로 녹차 성분으로 되므로 발효차에 비해 성분 변화는 크지 않다. 그러나 효소의 불활성화가 이루어지기 전에 생엽을 어떻게 저장하느냐에 따라, 그리고 제조공정 중의 가열처리 및 완성품의 보존조건에 따라 녹차의 품질에 관계되는 성분의 변화가 일어난다.

중국의 유명한 녹차인 용정차(龍井茶)는 독특한 향미를 내게 하기 위하여 덖는 과정을 거치기 전에 일부러 하루 정도 생엽 채로 둔다고 한다. 그러나 통상의 제조방법에서는 수확한 찻잎을 바로 찌거나 덖는 공정으로 가져간다. 통기성이 있는 곳에서 1~2일의 짧은 시간이면 선도를 보존하지만, 1~2주가 지나면 찻잎의 호흡에 의해 온도가 상승하고 지질대사가 진행되어 품질이 낮아진다. 5℃로 저온저장을 하면 단백질의 분해와 탄수화물이나 비타민 C의 감소가 억제된다.

차를 만들 때 가열처리는 피할 수 없는 공정인데 130℃로 가열할 때는 환원당과 아미노산 중 세린이 약간 감소하고 카테킨이 소량 이성화되었지만 다른 성분은 거의 변화가 없었다. 그러나 지질의 감소는 심하였다. 가열온도가 높고 시간이 길어질수록 성분 변화가 심하였다.

가열에 의한 환원당과 아미노산 및 지질의 분해는 녹차의 구수한 향기 형성에 관계하지만, 너무 높은 온도에서 장시간 열처리를 하면 녹차 고유의 성분도 파괴되고 녹차의 효력도 감소한다. 그러므로 기계가 아닌 수작업을 할 때는 열처리에 주의하는 것이 좋다.

녹차 제품을 밀봉하지 않고 방치하면 습기에 의해 빨리 변질되고 색깔과 지질의 변화가 심하다. 비타민 C도 급격하게 감소한다. 불활성 가스 내에서 밀봉하거나 질소가스로 치환하여 포장하면 이를 막는 효과가 있다고 한다.

## 홍차의 품질과 성분

홍차의 품질에서 무엇보다 중요한 인자는 색깔이다. 홍차의 색깔이 선명한 적갈색을 띠며 찻잔 내벽의 가장자리에 황금색 환(golden ring 혹은 corona라고 함)을 보이는 것이 품질이 좋은 차라고 한다.

이 적갈색은 밝은 오렌지색의 테아플라빈, 진한 홍색의 테아루비긴, 그리고 테아루비긴이 산화중합한 적갈색의 세 종류가 혼합하여 된 것이다. 이 세 종류의 혼합비율에 의해 차의 색깔이 결정된다. 테아플라빈은 카테킨류가 폴리페놀옥시데이스의 작용에 의해 중합된 것이다. 테아루비긴은 더 산화되어 아미노산이나 단백질과 결합한 것으로 생각된다. 산화나 중합이 진행됨에 따라 색은 갈색에 가깝게 되고 향미나 품질도 나빠진다.

다음의 표는 위의 세 성분이 조화를 이룰 때 찻물색이 양호한 품질 좋은 차를 만드는 것을 보여준다. 즉 상급의 홍차는 보통 홍차 중에 존재하는 테아플라빈과 테아루비긴의 함량이 높았다. 홍차의 품질은 엄밀하게 따지면 색깔과 향기 및 맛 모두가 종합적으로 우수해야 하는데, 향이나 맛이 좋도록 제조한 차가 대체로 테아플라빈의 함량도 많은 상관관계가 있었다.

**茶 홍차의 등급과 색깔 성분(%)**

| 등급 | 테아플라빈 | 테아루비긴 | 산화중합물 |
|---|---|---|---|
| 상품 | 19.0 ± 0.3 | 52.6 ± 0.8 | 28.3 ± 1.0 |
| 중품 | 17.5 ± 2.1 | 49.8 ± 2.4 | 36.7 ± 2.1 |
| 하품 | 13.3 ± 1.7 | 45.1 ± 2.3 | 41.6 ± 3.4 |

(재료 : Nakagawa)

## 홍차 제조 및 보관 중의 성분 변화와 품질

녹차에 함유되어 있는 비타민 C는 효력이 강한 환원형인데 반해, 홍차의 비타민 C는 홍차를 만드는 과정에서 효력이 약한 산화형 비타민 C로 소량 남아 있거나 파괴된다.

홍차를 가공하면 엽록소가 분해되어 감소되는데 이는 가공 중에 엽록소가 황갈색의 페오피틴(pheophytin)이나 페오포바이드(pheophorbide)로 변하기 때문이다. 엽록소의 분해는 CTC 홍차를 만들 때보다 오소독스(othodox) 홍차를 만들 때 심하게 일어난다. 홍차 가공 중에는 카로티노이드의 함량 또한 감소하는데 감소한 카로티노이드는 홍차의 향기 성분 형성에 기여한다.

홍차 제조 과정 중에 모든 성분이 분해되거나 감소하는 것이 아니라 증가하는 것도 있다. 유리당 중 펜토스 같은 것은 찻잎에는 없었으나 제조 과정 중에 새롭게 생성되며, 찻잎에 들어 있는 핵산 분해효소의 작용으로 여러 가지 새로운 핵산물질들이 생성된다.

홍차는 제조 후 한 달 정도 지난 것이 가장 품질이 좋다고 하는데 그 이유는 제조 후에도 숙성이 계속되기 때문이다. 이 현상을 후숙이라고 하는데 풋내가 사라지고 찻물색이 진하게 되며 떫은맛이 감소한다. 그러나 이 시기가 지나면 차의 품질은 점점 떨어지기 시작한다.

홍차가 오래 되면 홍차의 카테킨류, 엽록소, 가용성 질소화합물, 테아플라빈, 유리 아미노산 등이 감소하고 지방 분해에 의해 유리 지방산이 증가한다. 또 산화가 진행된 테아루비긴이 증가하여 품질을 떨어뜨린다. 이러한 현상은 보관 중에 습도가 높으면 더욱 촉진된다.

## 우롱차의 품질과 성분

홍차의 품질을 좌우하는 요소가 색깔 성분이라면 우롱차는 향기가 중요하다. 우롱차의 종류에 따라 형이나 색깔이 다르지만 몇 번 우려 마셔도 향기가 남아 있는 것이 좋은 제품이다. 약간 발효시킨 포종차는 매우 우아한 재스민이나 장미와 같은 특징적인 꽃향기가 난다. 그 이유는 위조공정 동안에 재스민 꽃 정유가 갖는 특유한 향의 하나인 재스민 락톤 및 메틸 재스모네이트 등이 형성되기 때문이다. 포종차에는 그 외에도 네롤리돌이 다른 차에서 보다 많다.

품질이 좋은 우롱차에는 네롤리돌, 롱기페론, 파르네센 등의 세스퀴 테르펜류가 많고 시스-재스몬, 재스민 락톤, 메틸 재스모네이트, 벤질 시아나이드, 인돌 등의 꽃향기 성분도 많이 포함되어 있다.

향기 이외의 성분으로는 총 질소량, 탄닌, 유리 아미노산 및 가용성 성분이 많으면 품질이 우수한 차이고, 유리 환원당이 많으면 하급 차라고 한다.

## 아로마테라피(aromatherapy)란?

아로마테라피(aromatherapy)란 방향(aroma)과 치료(therapy)가 결합된 의미로, 자연에서 추출한 에센셜 오일(essential oil)을 이용해 신체적 · 정신적 질병과 증상을 완화 · 치료하여 심신을 건강하고 아름답게 만드는 자연치유법이다.

소나무 향기는 진정작용을 하고, 차향(옥로)은 기분을 고조시킨다.

**5장**

# 차의 향기 성분

찻잎은 상쾌한 향을 기본적으로 가지고 있다. 하지만 차를 만드는 과정에서 조금씩 변화하여 여러 가지 향기 성분이 조화된 복잡한 향을 만들어낸다. 향기 성분은 극히 적은 양이라도 매우 민감하게 작용한다. 제조방법의 차이에 의해서도 달라지는데, 덖음차와 증제차의 향기 성분 조성은 다르다.

# 녹차의 향기 성분

사람은 좋은 향을 맡아서 만족했을 때 근육의 긴장이 풀리고 뇌세포에 휴식과 활력을 가져온다. 찻잎 자체는 상쾌한 향을 기본적으로 가지고 있다. 하지만 차를 만드는 과정에서 조금씩 변화하여 여러 가지 향기 성분이 조화된 복잡한 향을 만들어낸다. 맛의 성분이 불휘발성 물질이라면 향기 성분은 휘발성 물질이어서 극히 적은 양이라도 매우 민감하게 작용한다. 제조방법의 차이에 의해서도 달라지는데 덖음차와 증제차의 향기 성분 조성은 다르다.

식품의 향기에 관한 연구는 예로부터 과학자들의 흥미의 대상이었다. 그러나 향기 성분이 본래 미량 성분이고 변화하기 쉬운 화합물의 복잡한 혼합물이기 때문에 그 화학적 연구는 극히 한정되었다. 그러나 개스 크로마토그래피라는 기기가 향기 연구 분야에 도입되면서, 여러 가지 식품의 향기 성분을 분리할 수 있게 되었다.

녹차는 초록색을 유지하기 위해 열을 가해서 발효를 억제시켜 만든 차이다. 반면에 홍차는 적극적으로 찻잎을 발효시켜 고유의 홍차 색이 나도록 한 발효차이다. 발효 과정에서 복잡한 화학반응이 진행되어 홍차는 녹차보다 많은 향을 생성하게 된다. 우롱차도 독특한 향을 가진다.

## 덖음차의 향기 성분

지리산 서남단 일대는 중국으로부터 전래되어온 차나무 종(種)을 처음 재배한 곳으로 역사적으로도 유명한 곳이다. 또한 차나무가 자라기 좋은 자연환경을 가

**茶 지리산 녹차의 특징적인 향기 성분**

| 향기 성분 | 화합물 |
|---|---|
| 장미향과 그밖의 꽃향기 | 제라니올(geraniol), 페닐 에탄올(2-phenyl ethanol)<br>리나롤(linalool), 베타-이오논(β-ionone)<br>벤즈 알데하이드(benzaldehyde), 네롤리돌(nerolidol)<br>시스-재스몬(cis-jasmone)<br>재스민 락톤(jasmine lactone), 인돌(indole) |
| 달콤한 과일향 | 메틸 살리실레이트(methyl salicylate)<br>벤질 알코올(benzyl alcohol) |
| 구수한 향 | 알킬 피라진류(alkyl pyrazines)<br>메틸 푸르푸랄(5-methyl furfural)<br>에틸 포밀 피롤(2-ethyl-2-formyl pyrrole)<br>아세틸 피롤(acetyl pyrrole) |
| 풀냄새 | 헥사날(1-hexanal), 시스-헥세날(cis-3-hexenal)<br>트랜스-헥세날(trans-2-hexenal)<br>시스-헥세닐 헥사노에이트(cis-3-hexenyl hexanoate)<br>트랜스-헥세닐 헥사노에이트(trans-3-hexenyl hexanoate) |

지고 있어 지금도 재래종 차나무의 잎으로 전통적인 방법에 의해 좋은 품질의 녹차가 생산되고 있다. 이곳에서는 대개 가내 수공업으로 덖음차가 제조된다. 덖음차는 찻잎 중의 산화효소를 파괴하기 위하여 솥에 찻잎을 넣고 열을 가해 덖어서 만든 차이다.

〈지리산 녹차의 특징적인 향기 성분〉 표는 지리산 지역에서 생산되는 녹차의 특징적인 향기 성분을 나타낸 것이다. 지리산 지역에서 제조되는 덖음차의 향기 성분은 주로 꽃향기가 나는 것이 특징이다.

다음 그래프는 지리산 지역에서 재래종 찻잎으로 생산되는 녹차 중 제조회사가 다른 세 종류의 우전녹차, 즉 찻잎을 곡우(4월 20일) 이전에 수확하여 만든 차의 향기 성분을 개스 크로마토그래피로 분리한 것이다.

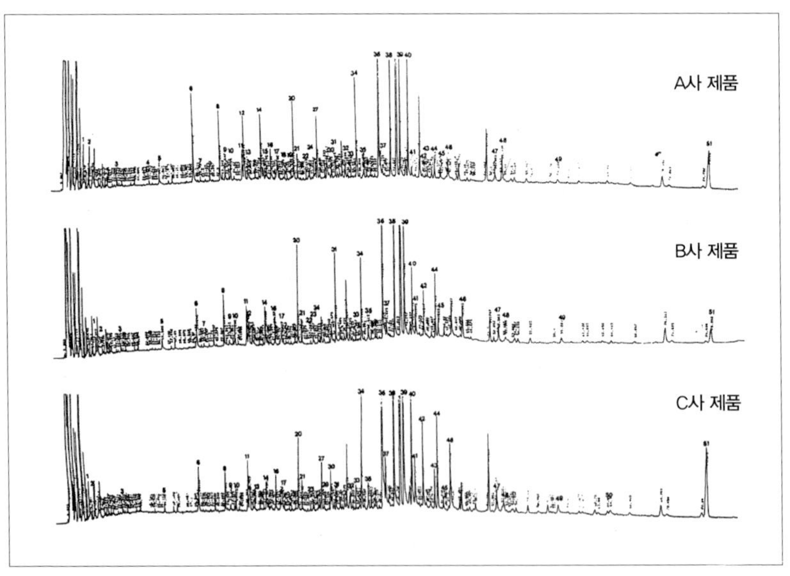


지리산 녹차 향기 성분의 개스 크로마토그램

다음 표는 앞의 세 종류의 우전녹차의 향기 성분 중 특징적인 향기를 나타내는 화합물질별로 성분 함량을 나타낸 것이다.

분석 결과 지리산 일대에서 생산되는 우전녹차의 주요 성분은 제라니올, 페닐 에탄올, 베타-이오논, 벤질 알코올, 벤질 시아나이드와 리나롤 옥사이드 등으로 밝혀졌다. 실험에서 쓴 각 제품의 주요 향기 성분의 조성비율이 비슷한 경향을 나타내었다.

그 이유는 이 일대의 우전녹차는 같은 시기에 수확된 재래종 찻잎을 이용해 거의 비슷한 제다법으로 제조되기 때문이라 생각된다. 특히 향기 성분 중에서 제라니올이 세 종류의 제품에서 각각 제일 많은 것이 특징이었다. 페닐 에탄올도 많이 들어 있다.

제라니올과 페닐 에탄올은 장미 향기를 내는 화합물로서 합성되어 식품이나 화장품의 향료로 많이 이용되는 물질이다.

〈지리산 녹차의 중요 향기 성분〉 그래프에서 시료 A에는 장미꽃 향기 성분을

**茶 우전녹차에서의 특징적인 향기 화합물의 조성비율**

| 향기화합물 | 피크 면적(%) | | |
|---|---|---|---|
| | A사 제품 | B사 제품 | C사 제품 |
| 장미꽃 향기 | 9.5 | 9.5 | 16.7 |
| 다른 종류의 꽃향기 | 9.4 | 7.5 | 7.2 |
| 달콤한 과일향 | 2.3 | 4.7 | 4.8 |
| 고소한 냄새 | 3.5 | 4.3 | 2.2 |
| 풀냄새 | 1.7 | 1.5 | 0.9 |

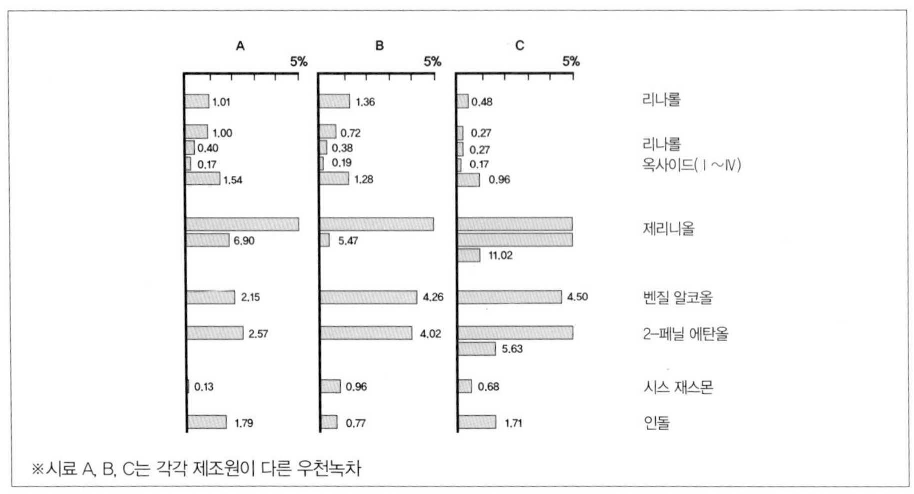


지리산 녹차의 중요 향기 성분

제외한 재스민 등의 꽃향기에 기여하는 화합물의 함량이 시료 B와 C에 비해 약간 많았다. 덖음차는 무엇보다 덖는 공정이 중요하다. 덖는 과정이 부족하면 풋내가 나고 유통 중에 발효가 빨리 진행된다.

반대로 너무 지나치게 덖으면 탄 냄새가 난다. 따라서 풋내를 없애고 구수한 향이 적절하게 생성될 수 있도록 덖는 온도와 시간을 조절해야 한다.

덖음차는 증제차에 비해 열을 더 많이 가하기 때문에 증제차보다 풋내가 감소되고 구수한 냄새가 증가된다. 녹차를 덖는 과정이나 마지막 단계인 열처리 과정에서 피라진류, 푸란류 및 피롤류가 생성되며, 이들 화합물은 덖음차 특유의 구수한 향에 기여한다.

찻잎의 수확시기가 늦어질수록 제라니올의 함량이 감소하였고, 반면에 피라진류와 푸르푸릴 알코올의 함량은 약간 증가하였다. 이것은 수확시기가 늦은 차일수록 차를 덖는 온도를 높여주거나 덖는 시간을 늘려주기 때문이라고 생각된다. 수확시기가 늦은 찻잎으로 만든 차일수록 꽃향기가 줄며 구수한 냄새가 증가하는 것은 이와 같은 이유 때문이라 생각된다.

## 증제차의 향기 성분

현대식 증제차는 자동화된 기계를 이용하여 수증기로 찌고 조유기에서 열풍으로 건조시킨 후 유념기에 넣어 고르게 비벼준 다음, 2차 건조와 최종 건조를 거쳐 만들어진 것이다. 덖음차와는 달리 증제차 특유의 상쾌한 향기가 난다.

제주도에서 개량종 찻잎으로 만든 증제차의 향기 성분을 알아보니 테르펜 알코올류(증제 1번 차에 22.0%), 케톤류(증제 1번 차에 8.6%)가 양적으로 많았다. 덖음차에 많았던 제라니올보다 네롤리돌(5.4%)과 인돌의 함량이 증제차에도 많았다.

증제차에 포함되어 있는 테르펜 알코올류는 대부분 꽃향기를 내는 화합물로 알려진 것들이다. 즉 증제차에 많은 네롤리돌은 달콤한 꽃향기를 내는 성분이고, 시스-재스몬은 재스민 꽃의 주된 향기 성분이다. 제라니올은 달콤한 장미향을 내며 리나롤은 꽃이나 상쾌한 밀감향을 낸다.

벤질 알코올과 페닐 에탄올도 꽃향기를 내고 있다. 국산 증제차에 많이 함유되어 있는 인돌은 향기가 전체적으로 조화를 이루도록 하여 향기를 중후하게 하고, 보향 효과도 있어 지속성을 준다고 한다. 대만산 최고급 포종차는 향기 성분의 20% 이상을 인돌이 차지하고 있다.

## 현미녹차의 향기 성분

최근 들어 우리나라에서도 많은 사람이 녹차를 좋아하고 있어 대중화되고 있다. 그러나 대체로 짜고 맵게 먹는 식습관 때문인지 아직은 녹차보다는 조금 더 자극적인 음료를 선호하는 경향이 있다. 녹차 제품에 관한 조사에서도 조사 대상자의 절반 이상이 현재 시판 중인 녹차보다도 맛이 진하고 향기가 강한 다른 종류의 차 제품을 선호하는 것으로 나타났다고 한다.

현미녹차는 녹차에 볶은 현미를 첨가하여 만든 차로, 녹차의 산뜻한 향기와 현미의 구수한 향기가 잘 조화된 것이다. 현미녹차는 볶은 현미를 통해 구수한 향기 성분을 부여함으로써 비교적 저급의 녹차라도 이용할 수 있다는 장점이 있다.

현미녹차는 가격이 비교적 저렴하고 우리나라 사람들의 기호에 잘 부합되기 때문에 현재 우리나라에서 시판되는 녹차 종류 중 판매량이 가장 많다. 경상남도 하동군에서 생산되는 중작녹차에 통상의 방법으로 볶은 현미를 섞어 향기 성분을 분석하였는데, 중요 성분으로는 메틸 피라진, 2,5-디메틸 피라진, 2,6-디메틸 피라진, 2-에틸 피라진, 2-메틸-5-에틸 피라진, 트리메틸 피라진 등의 피라진류와 푸르푸릴 알코올, 제라니올, 벤질 알코올, 인돌 등이 들어 있는 것으로 밝혀졌다.

제라니올과 벤질 알코올 등은 녹차 원래의 향기에서 온 것이다. 구수한 향기에 기여하는 피라진류는 녹차를 덖어줄 때도 적은 양이 생성되지만, 대부분은 볶은 현미로부터 오는 것으로 보인다. 실제로 현미를 많이 넣어줄수록 피라진의 양이 증가하였다.

92페이지의 두 그림은 남녀 학생 34명을 대상으로 실시한 녹차의 향과 맛에 관한 관능검사의 결과를 나타낸 것이다. 맛과 향기에 있어서 공통적으로 현미를 많이 넣을수록 구수한 맛과 향기의 관능점수가 높아졌으며, 녹차 고유의 특징으로 알려진 떫은맛과 신선한 향기 및 꽃향기 등의 관능점수는 낮게 나타났다.

각 시료의 기호도 및 구매도 조사에서도 평소에 차를 즐기는 사람의 경우는 현미를 넣지 않은 녹차를 가장 선호하는 반면, 그렇지 않은 사람은 현미가 많이 들어 있을수록 그 선호도가 증가하였다.

### 茶 현미녹차의 피라진 함량

| 피라진류 | 피라진 함량* | | |
|---|---|---|---|
| | 현미 30% | 현미 50% | 현미 70% |
| 메틸 피라진 | 3.50 | 13.0 | 10.79 |
| 2,5-디메틸 피라진 | 5.13 | 12.8 | 14.54 |
| 2-에틸 피라진 | 2.50 | 8.07 | 8.63 |
| 2,6-디메틸 피라진 | 1.58 | 4.03 | 5.17 |
| 2,3-디메틸 피라진 | 0.79 | 2.70 | 3.83 |
| 2-메틸-5-에틸 피라진 | 2.26 | 4.30 | 6.54 |
| 2-메틸-6-에틸 피라진 | 2.55 | 4.07 | 6.71 |
| 트리메틸 피라진 | 1.68 | 4.33 | 6.92 |
| 3-에틸 2,5-디메틸 피라진 | 4.29 | 5.87 | 9.38 |
| 2-에틸 3,5-디메틸 피라진 | 0.39 | 1.60 | 3.33 |
| 합계 | 24.67 | 60.77 | 75.84 |

※ 내부 표준물질을 1로 하였을 때의 상대치

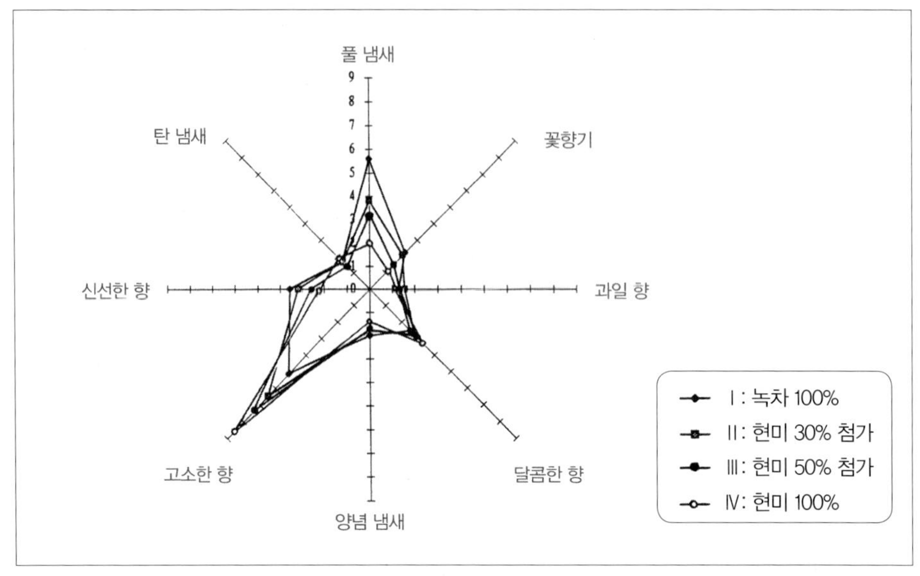


현미녹차의 향기에 관한 관능검사(QDA diagram)

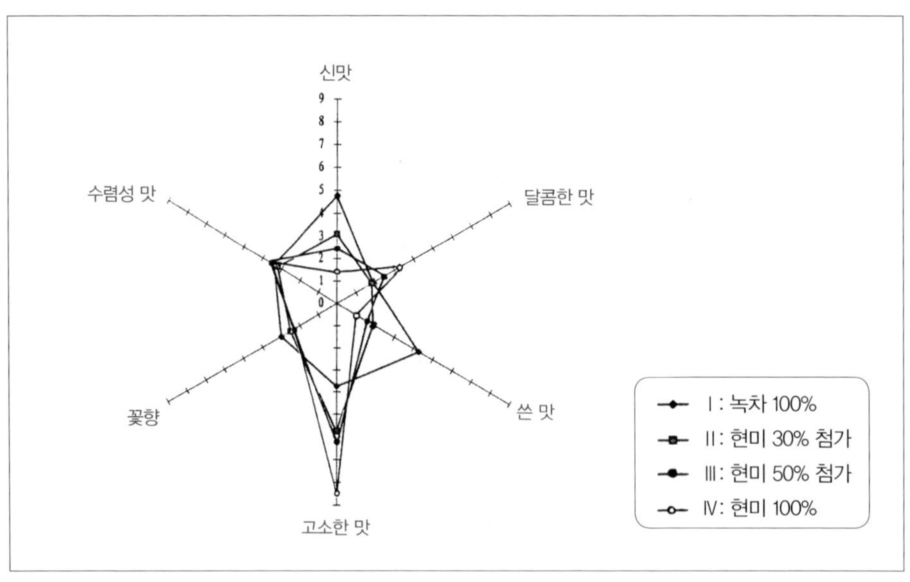


현미녹차의 맛에 관한 관능검사(QDA diagram)

## 지나치게 덖었을 때와 저장 중의 녹차 향기 성분 변화

조리할 때 식품재료에 가열을 하면 피라진류와 피롤류 및 프라닉 화합물들이 생겨난다. 이런 물질들은 식품에 적당량 들어 있으면 구수하고 달콤한 향을 내지만, 지나치게 생성되면 탄 냄새가 난다.

마찬가지로 차를 지나치게 덖으면 위의 화합물들이 다량 생성된다. 일본에서는 찻잎의 수확시기가 늦은 저급품의 녹차를 180℃의 높은 온도로 가열하여 떫은맛은 감소시키고 구수한 냄새를 생성시켜 만든 태운차(焙じ茶)가 시판되고 있다. 이 차는 차 고유의 향미는 떨어지지만 가격이 비교적 저렴하기 때문에 많이 소비되고 있다.

또한 녹차를 저장할 때도 향기 성분에 변화가 있다. 녹차를 오래 저장할수록 이취(異臭)인 1-펜텐-3-올, 시스-2-펜텐-1-올, 트랜스, 시스-2,4-헵타디에날 및 트랜스, 트랜스-2,4-헵타디에날의 함량이 높아진다. 이 성분들은 저장기간이 길수록 현저하게 많이 생성되는데, 저장온도를 낮추면 생성이 억제된다. 수확시기가 늦은 저급 녹차일수록 저장 중에 이 성분들이 많이 생성된다.

저장할 때 습기 및 공기를 없애고 질소를 충진한 포장을 하면 4개월이 지나도 녹차는 향기가 그대로 유지된다. 그러나 습기와 공기를 없앤 조건에서 질소 충진을 하지 않으면 저장을 시작한 지 2개월 후부터 이취가 약간 난다. 그 원인은 지방산이 분해된 물질들 때문이다. 공기만을 제거하여 포장을 한 경우 2개월째부터 산패 냄새가 났는데, 이는 향기 성분 중 아세트산이 생성되었기 때문이다.

# 홍차의 향기 성분

홍차용 찻잎이 본래 가지고 있는 향기 성분은 적지만 위조→유념→발효의 공정을 거치는 동안 향기 성분이 많이 생성된다. 찻잎이 본래 가지고 있는 성분은 풀냄새를 내는 시스-2-펜테놀, 시스-3-헥세놀, 트랜스-2-헥세날, 리나롤 등의 알코올류이다. 이 성분들은 찻잎에 소량 들어 있는데, 위조공정에 의하여 향기 성분 화합물의 양이 생엽에 비하여 약 10배가량 증가한다.

또한 유념과 발효공정에서도 산화효소를 중심으로 하는 효소반응에 의해 카테킨이 산화되고, 산화된 카테킨류로부터 다른 성분들이 연속적으로 산화되어, 리나롤 옥사이드 등과 같은 산화물 형태의 향기 성분이 많이 생성된다.

건조공정에서는 열풍에 의해 휘발성이 높은 성분이 손실되기도 하지만, 당과 아미노산으로부터 생성되는 산물인 스트렉커 분해로 페닐 아세트알데하이드 등의 알데하이드와 알코올, 에테르 등의 관능기를 가진 화합물도 많다. 그리고 카르티노이드의 분해로 생기는 이오논계 화합물과 락톤, 즉 꽃향기를 내는 베타-이오논, 달콤하고 건조시킨 과일 향을 내는 베타-테아스피론, 복숭아 냄새를

茶 홍차의 중요 향기 성분

| | |
|---|---|
| 녹차 지질의 가수분해와 산화분해에 의한 유래 | 1–펜텐–3–올<br>트랜스–2–헥세날<br>시스–2–펜텐–1–올<br>헥사놀<br>시스–3–헥세놀<br>트랜스–2–헥세닐포메이트<br>시스–3–헥세닐헥세노에이트 |
| 모노테르펜 알코올과 그것의 산화물 | 리나롤<br>리나롤–3,6–옥사이드(시스형)<br>리나롤–3,6–옥사이드(트랜스형)<br>리나롤–3,7–옥사이드(시스형)<br>리나롤–3,7–옥사이드(트랜스형)<br>네롤리돌<br>트랜스, 트랜스–3,5–옥타트리엔–3–올<br>3,5–디메틸–1,5,7–옥타트리엔–3–올<br>알파–테르피놀<br>네롤<br>제라니올 |
| 그 외의 성분 | 벤즈알데하이드<br>벤질 알코올<br>페닐 아세트알데하이드<br>페닐 에탄올<br>메틸 살리실레이트<br>베타–이오논<br>시스–재스몬 |

내는 디히드로엑티니디올리드 등이 첨가되어 녹차와는 달리 홍차는 차의 품종에 따라 전체적으로 꽃향기 혹은 과일 향을 내게 된다.

효소적 반응과 화학적 반응이 순차적으로 진행되는 조건(전통적인 방법)에서 만들어지는 순오소독스 홍차의 향기가 단시간 내에 만들어지는 CTC 홍차보다 월등하게 좋다. 즉 CTC 홍차의 향기는 풀냄새가 나는 헥사놀 등이 주성분이고 꽃향기 성분이 부족하지만, 오소독스 홍차에서는 리나롤, 제라니올, 페닐 에탄올 등의 꽃향기 성분이 균형 있게 포함되어 있다.

기문(keemun)과 다즐링(darjeeling)차에는 제라니올이 많은 반면, 우바(uva)와 딤블라(dimbula)차는 리나롤과 리나롤 옥사이드와 같은 테르펜 알코올이 많다. 이렇게 차이를 나타내는 것은 차나무의 품종이 다르기 때문이다. 우바와 딤블라는 아삼종인데 비해 다즐링은 지대에 따라 아삼종(저지대), 중국 소엽종(고지대) 및 중국종과 아삼종의 교배종(중간 지대)으로 나누어지며 좋은 향이 생성되는 홍차 지대는 고지대이다.

다케오(竹尾)라는 사람은 차나무의 품종에 따라서 테르펜 알코올의 조성비율이 다른 것에 착안하여 테르펜 인덱스(TI)를 구하여 차나무의 품종을 알아내는 공식을 제안하였다.

$$TI = \frac{\text{리나롤 함량}}{(\text{리나롤} + \text{제라니올})\ \text{함량}}$$

주로 홍차 품종인 아삼종에 속하는 차나무는 제라니올(G) 함량이 적기 때문에 TI치는 1에 가깝고 녹차용의 품종인 중국 소엽종은 TI치가 0.3 정도이며, 교배종은 0.3~0.7 정도이다. 홍차의 향기에 있어서는 발효 도중 리나롤(L)이 리나롤 옥사이드(L-O)로 변화하므로 TI치를(L+L-O)÷(L+L-O+G)로 나타내었다.

보통 인도계의 홍차와 스리랑카의 홍차는 TI치가 0.9 이상으로 높아 아삼종의 특성을 나타낸다. 대엽종을 원료로 한 중국 홍차는 TI치가 0.7~0.85 정도이다. 반면에 소엽종을 이용한 것은 TI치가 0.3~0.4로 중국 소엽종이 중요한 교배종인 것을 알 수 있다.

# 부분발효차의 향기 성분

## 포종차

포종차는 재스민이나 장미와 같은 매우 우아하고 특징적인 꽃향기가 난다. 그것은 위조공정 동안에 재스민 꽃의 정유가 갖는 특유한 향의 하나인 재스민 락톤 및 메틸 재스모네이트, 네롤리돌, 인돌, 벤질 시아나이드 등이 많이 생성되기 때문이다.

다음 그래프는 대만산 최고급 포종차의 향기 성분을 분리한 개스 크로마토그램을 나타내고 있다. 또 향기 성분의 함량을 표로 정리하였다. 포종차에서는 재스민 꽃의 향기에 관계하는 주화합물의 하나로서 메틸 재스모네이트가 동정되었는데, 그 이성체인 에피메틸 재스모네이트는 메틸 재스모네이트보다 향이 400배 강한 물질로서 다른 차에 비해 포종차에 제일 많이 들어 있다.

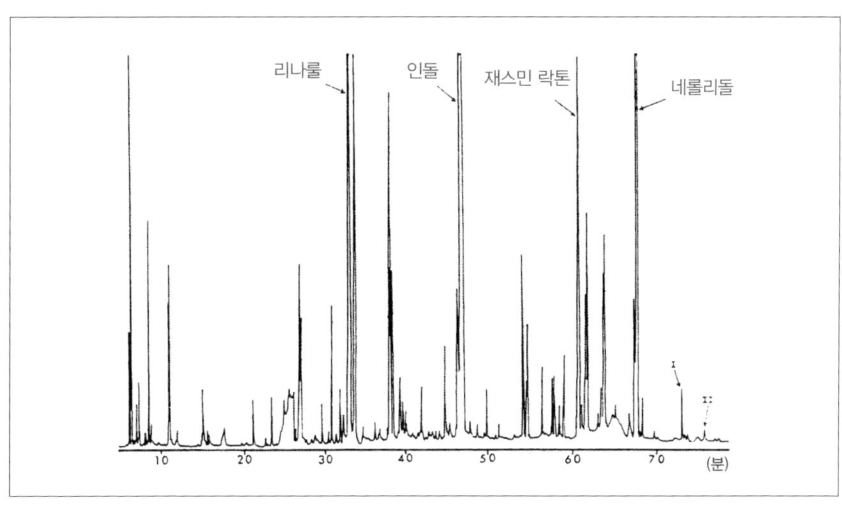


대만산 최고급 포종차의 향기 농축물의 개스 크로마토그램(칼럼:OV-101)

## 포종차의 중요 향기 성분

| 종류 | 함량(%) |
|---|---|
| 시스-3-헥세놀 | 1.0 |
| 시스-3-헥세닐 헥세노에이트 | 3.9 |
| 시스-3-헥세닐 벤조에이트 | 1.5 |
| 리나롤 | 9.6 |
| 리나롤-3,6-옥사이드(시스형) | 5.2 |
| 리나롤-3,6-옥사이드(트랜스형) | 2.0 |
| 리나롤-3,7-옥사이드(시스형) | 8.5 |
| 리나롤-3,7-옥사이드(트랜스형) | 8.5 |
| 3,5-디메틸-1,5,7-옥타트리엔-3-올 | 3.2 |
| 제라니올 | 3.1 |
| 네롤리돌 | 17.2 |
| 시스-재스몬 | 2.1 |
| 재스민 락톤 | 3.6 |
| 메틸 재스모네이트 | 1.0 |
| 벤질 시아나이드 | 4.8 |
| 인돌 | 20.6 |

## 우롱차

우롱차의 생산량은 중국차 전체의 약 10%에 지나지 않지만 일반적으로 우롱차를 중국차라고 부른다. 우롱차는 홍차의 장점과 녹차의 장점을 함께 갖춰서 특별한 풍미를 느낄 수 있다. 꽃향기가 나며 홍차의 떫은맛과 녹차의 쓴맛이 적어 일본과 우리나라에서 그 소비가 점점 증가하고 있다.

우롱차의 종류는 매우 다양하다. 특히 철관음(鐵觀音)차는 향기와 맛이 조화를 잘 이룬다. 최상급품의 철관음차는 특유의 꽃향기가 강하다. 중국산 우롱차에는

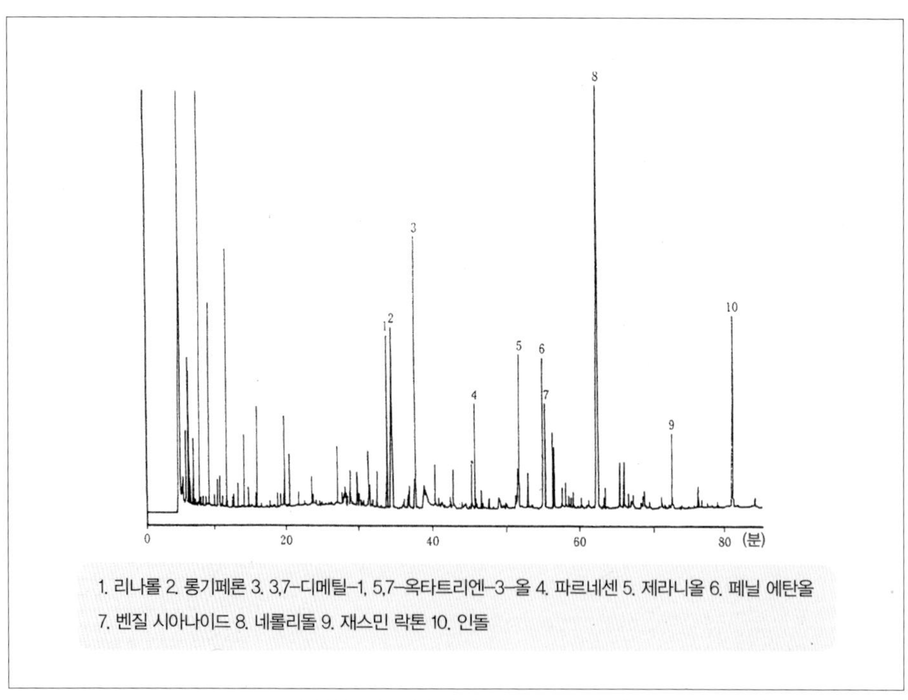


1. 리나롤 2. 롱기페론 3. 3,7-디메틸-1, 5,7-옥타트리엔-3-올 4. 파르네센 5. 제라니올 6. 페닐 에탄올 7. 벤질 시아나이드 8. 네롤리돌 9. 재스민 락톤 10. 인돌

중국산 우롱차에 함유된 향기 농축물의 개스 크로마토그램(칼럼 : PEG 20M)

네롤리돌, 롱기페론, 파르네센 등의 세스퀴테르펜(sesqui-terpene)류가 많고 또 시스-재스몬, 재스민 락톤, 메틸 재스모네이트, 벤질 시아나이드, 인돌 등의 꽃향기 성분도 많이 포함되어 있다.

일본산 우롱차에는 이런 성분들이 적고 트랜스-2-헥세날이 많이 포함되어 있어 관능검사를 해보면 일본산 우롱차에서는 꽃향기가 적고 풀냄새가 난다.

## 국내산 부분발효차의 향기 성분

부분발효차는 우리나라의 사찰을 중심으로 극히 일부에서 제조되고 있다. 이 차를 시료로 하여 기호 면에서 무엇보다 중요한 향기 성분을 중심으로 분석해서 우리 입맛에 맞는 다양한 제품을 개발하고 상품화하는 데 그 기초 자료로 삼고자 부분발효차와 비교 시료로서 1종의 녹차를 이용하여 향기 성분을 분석하였다.

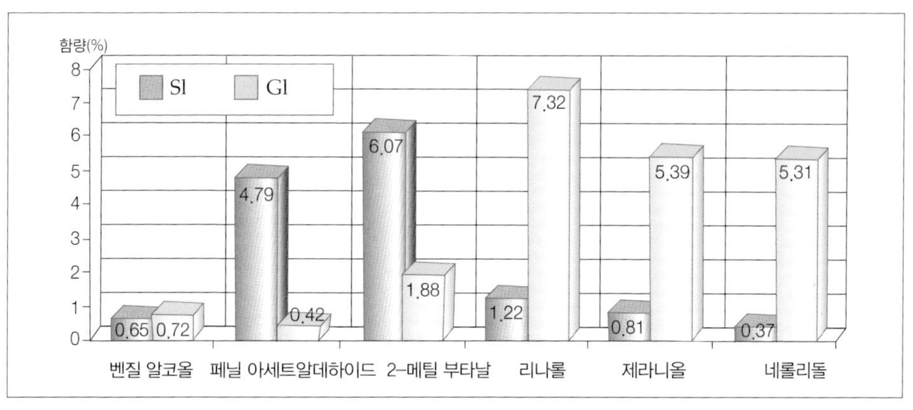


사찰에서 제조한 부분발효차(Sl)와 녹차(Gl)의 중요한 향기 성분 비교

그 결과 6월에 부산의 D 암자에서 수확한 찻잎으로 제조한 부분발효차인 시료(S1)의 우린 찻물은 관능적으로 달콤한 꽃냄새, 초콜릿을 연상케 하는 향기를 내었다. 그리고 녹차에서의 떫은맛은 없고 부드러우며, 시각적으로도 황금색의 기호도 높은 색깔을 나타내었다.

부분발효차의 향기 성분으로는 총 47종의 화합물이 동정되었으며 동정된 주요 화합물은 3-메틸 부타날, 2-메틸 부타날, 헥세날, 페닐 아세트알데하이드, 2-페닐 에타놀, 제라니올, 베타-이오논, 네롤리돌 등이었다.

〈사찰에서 제조한 부분발효차와 녹차의 중요한 향기 성분 비교〉 그래프에서 보듯이 녹차와 비교하면 특히 페닐 아세트알데하이드와 2-메틸 부타날 등의 함량이 많은 것이 특징이었다. 페닐 아세트알데하이드는 2-페닐 에타놀의 산화물로서 라일락이나 히야신스 꽃향기를 갖는 화합물로 이미 보고되고 있다. 그러나 녹차의 향기 성분으로는 거의 동정되지 않았다.

부분발효차에는 3-메틸 부타날과 2-메틸 부타날과 같은 저비점 알데하이드의 함량이 높았다. 이 향은 달콤한 초콜릿 향을 낸다고 한다. 부분발효차는 녹차에 비해 수확시기가 늦은 찻잎을 이용해도 좋으며, 보관기간이 녹차보다 긴 장점을 살려 다양하게 상품화가 되어 판매되고 있다.

# 6장
# 과학적으로 입증된 차의 효능

"차를 항상 마시면 심신(心身)을 이롭게 한다. 아침에 마시는 차는 뇌를 맑게 하고, 정신을 새롭게 하며, 오후에 마시는 차는 기분을 온화하게 하고 정신을 바르게 하며, 한밤에 마시는 차는 기운을 쉬게 하고, 정신을 편안하게 한다."

# 차의 보건 및 약리 효과

차는 수천 년의 긴 역사를 가진 기호음료이자 건강음료이다. 차의 발생지인 중국의 의학서와 문헌에는 차에 관해서 60여 가지의 보건 효과와 20여 가지의 의학적 · 약리적 효능이 기술되어 있다.

국제차심포지엄에서 중국농업과학원 다엽연구소의 첸 종마오(陣宗懋) 박사는 매일 한 잔 또는 그 이상의 차를 마시면 약국에 가는 것을 멀리 할 수 있다는 중국 속담을 인용하며, 차(茶)란 글자를 풀이하면 '20+88로 108세까지 산다'라는 말을 서두로 차의 보건 효과에 대한 강연을 한 바 있다.

또 일본에서 알았던 대만성차업개량장(臺灣省茶業改良場)의 완일명(阮逸明) 장장(場長) 님은 필자에게 새해 선물로 우롱차를 보내주곤 하는데, 그때마다 차통 위에 근하신년이라는 글귀와 더불어 여러 가지 차에 관한 글이 적혀 있었다.

그 중의 하나가 당나라의 시인 노동(盧仝)의 칠완다가(七碗茶歌)라는 시인데, 그 내용인즉 "차를 항상 마시면 심신을 이롭게 한다. 어찌 위나라 황제의 환약에 비하리요. 차라리 노동(盧仝)의 일곱 잔의 차를 마시자"이다.

노동이라는 사람은 일곱 잔의 차를 이렇게 표현하였다.

"첫째 잔은 향기를 내고, 둘째 잔은 세상 시름을 잊게 하고, 셋째 잔은 갈증을 해소해주고, 넷째 잔은 땀을 내게 하여 불평스러운 모든 일을 잊게 해주고, 다섯째 잔은 피부를 깨끗하게 해주고, 여섯째 잔은 정신을 맑게 해주며, 일곱째 잔은 날개를 달고 날아가게 해주는 것 같다."

중국차의 찻잔은 아주 작으므로 일곱 잔까지는 부담 없이 마실 수 있다.

또 다른 글귀에서는 "차를 항상 마시면 심신(心身)을 이롭게 한다. 아침에 마시는 차는 뇌를 맑게 하고 정신을 새롭게 하며, 오후에 마시는 차는 기분을 온화하게 하고 정신을 바르게 하며, 한밤에 마시는 차는 기운을 쉬게 하고 정신을 편안하게 한다"라고 적혀 있었다.

최근 차에는 어떤 성분이 들어 있는지, 또 그 성분이 생체 내에서 일으키는 작용들은 무엇인지가 밝혀지고 있어, 경험적으로 전해져온 여러 가지 차의 효능이 과학적으로 증명되고 있다. 최근의 국제차학회 및 심포지엄 등에서도 차의 영양과 약리작용에 대해 가장 많은 논문이 발표되고 있다. 따라서 차의 성분과 효능의 관계에 대한 연구가 많이 이루어지고 있음을 알 수 있다.

# 차 카테킨의 약리작용

카테킨류는 건조한 찻잎 중에 약 20~35% 함유되어 있으며, 차의 쓴맛과 떫은 맛에 70~75% 정도 기여하는 성분이다. 그래서 많은 과학자가 카테킨의 기능성에 주목하였는데 그 약리 효과가 매우 커서 최근 활발하게 연구되고 있다.

일본에서는 녹차에 포함된 카테킨류를 대량으로 정제하여 폴리페논(polyphenon)이라는 제품으로 개발하여, 완전 천연물 기능성 성분으로 많은 곳에 활용하고 있다. 그래서 먼저 카테킨류의 약리작용에 관하여 간단히 언급하고자 한다.

지금까지 밝혀진 카테킨의 중요한 약리작용 및 보건 효과는 〈카테킨의 약리작용〉 표에서 보는 바와 같다.

| 카테킨의 약리작용 |
|---|
| • 항종양, 발암 억제작용 |
| • 돌연변이 억제작용 |
| • 항산화작용 |
| • 라디칼 및 활성산소 제거 |
| • 혈중 콜레스테롤 저하 |
| • 고혈압과 혈당 강하작용 |
| • 항바이러스 작용 및 해독작용 |
| • 치석합성 효소 저해작용 |
| • 구취 및 악취 제거 |
| • 알츠하이머형 치매 억제작용 |
| • 신장질환의 진전 억제 |

## 항종양 및 발암 억제작용

오구니(Oguni)라는 사람은 역학조사를 통해 일본의 차 생산지인 시즈오카 현 사람들의 암 사망률이 전국 평균치에 비해 매우 낮다는 사실을 밝혔다. 이를 계기로 녹차의 항암 효과가 주목을 받기 시작하였다. 또한 이마이(Imai)라는 사람은 일반 지역 주민을 대상으로 9년 동안 조사한 결과, 녹차를 하루에 10잔 이상을 마시는 사람이 하루에 3잔 이하로 마시는 사람보다 암의 이환율이 낮고 수명도 길었다고 하였다.

차가 종양의 증식을 억제하고 암 발생을 억제한다는 것은 이미 많은 동물실험을 통하여 증명이 되었다. 또 차가 이러한 효능을 갖게 하는 주된 성분은 카테킨이라는 것이 밝혀졌다.

세계보건기구에서는 암의 원인 가운데 35%가 음식물에 의한 것이며, 여기에는 음식물에 들어 있는 N−니트로소(N-nitroso) 화합물이 주된 요인이 된다고 발표하였다. 녹차 추출물은 질산염이 환원되어 아질산염이 되는 것을 방지하는데, 특히 카테킨류 중 에피갈로카테킨갈레이트와 에피카테킨갈레이트의 용액을 이용하면 그 작용이 현저하다. 담배의 발암물질을 쥐에게 투여하면 폐암이 발생하는데, 녹차의 카테킨을 마시게 하면 암 발생률은 반으로 줄어든다.

또한 카테킨을 마시게 함으로써 발암제의 생체대사 과정에서 생성되는 라디칼의 소변 중 배설량도 감소하는 것으로 밝혀졌다. 이로 미루어볼 때 녹차에 들어 있는 카테킨이 발암을 억제하는 것은 라디칼을 소거하는 작용에 의한 것으로 추정되고 있다.

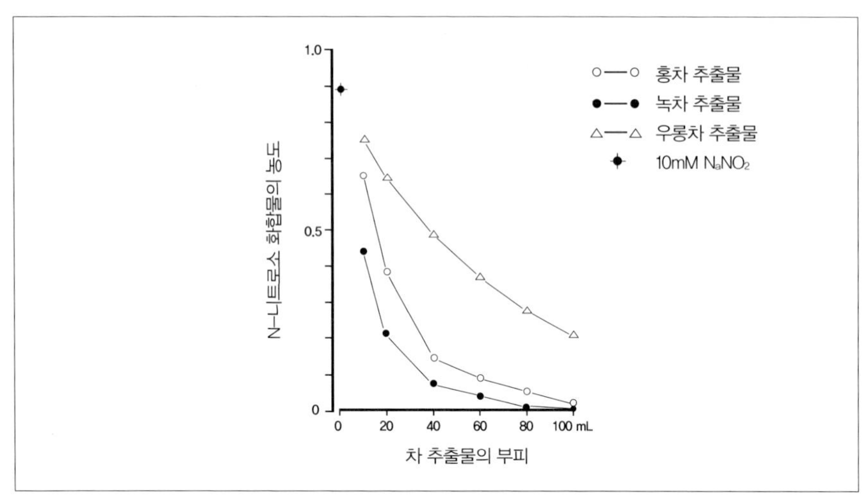


차 추출물이 질산염을 감소시킨다

실제로 하라(原)라는 사람은 쥐에 차 카테킨 함유식을 투여하고, 종양세포인 사르코마 180을 쥐의 몸에 이식하는 실험을 하였다. 그는 카테킨 함유식을 먹인 쥐가 그렇지 않은 쥐보다 현저하게 종양을 억제하는 효과를 나타내는 것을 밝혀냈다.

## 돌연변이 억제작용

화학물질에 의해 정상세포가 암세포로 되는 과정을 다음과 같은 세 단계로 나누어 생각해볼 수 있다.

제1단계는 변이를 일으키는 물질에 의해 정상세포의 유전자가 회복이 불가능

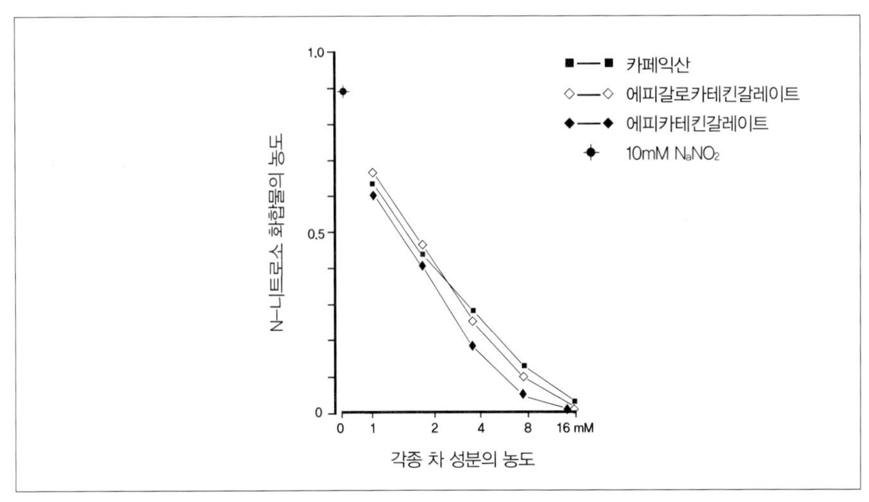

폴리페놀 화합물에 의한 질산염의 감소 현상

한 상처를 입어 돌연변이를 일으키는 과정이다. 이 단계는 진행속도가 빠르며 초기 발암세포가 주위의 정상세포보다 증식하는 데 유리하도록 한다. 상처를 받은 세포는 주위의 정상세포의 작용으로 활동이 제압되어 소위 휴면상태에 있다고 볼 수 있다.

제2단계는 발암 촉진인자(화학물질)에 의해 반복적으로 자극을 받아 암세포화가 직접 진행되는 과정이다. 유전자의 손상이 점차 증가되고 변이된 세포군의 증식이 확대되는 시기이다. 이 과정은 진행속도가 느려서 수십 년이 걸리는 경우도 있다.

제3단계는 유전자가 손상되고 변이를 일으킨 세포가 악성의 유전자형을 가진 세포로 진화하는 기간을 말한다. 즉 양성에서 악성종양으로 바뀌는 과정이다.

녹차 추출물이나 차 카테킨류가 항돌연변이 작용을 한다는 것을 밝힌 최초의

연구자는 오쿠다(Okuda)라는 사람이다. 그는 차의 카테킨인 에피갈로카테킨갈레이트가 탄 생선이나 탄 육류에 들어 있는 돌연변이 물질인 아민과 벤조피렌의 변이원성을 현저히 낮춘다고 했다. 그밖에 에피갈로카테킨갈레이트가 고초균(枯草菌)의 자연 돌연변이 빈도를 강하게 억제한다는 연구와 차 카테킨류가 자외선에 의해 손상된 대장균의 유전자를 복원하는 능력을 갖는다는 연구가 있다.

한편 여러 가지 발암물질로 미생물 및 배양세포나 동물에서 변이를 일으키도록 한 실험에서 녹차, 홍차, 우롱차의 카테킨 추출획분, 차 카테킨류, 테아루비긴갈레이트 등이 돌연변이나 염색체 이상을 억제하는 효과가 있음을 밝힌 연구결과가 많다.

인도계 미국인인 무카타(Mukhtar) 교수는 차의 카테킨이 실험용 쥐에서 피부암 발생을 억제하는 것을 알아냈다. 그는 이런 연구를 할 때 우리나라에서 만든 녹차를 사용하였다고 한다.

## 항산화작용

차 카테킨류의 가장 기본적인 생리작용은 강한 환원성 및 단백질과의 결합성이다. 이런 효과는 카테킨이 분자구조 중에 페놀성 OH기를 많이 가지고 있기 때문에 나타난다. 그래서 차의 카테킨을 폴리페놀이라고도 한다. 카테킨은 식용유가 산화하는 것을 강력하게 방지한다. 또 우리 몸에 과산화지질이 생성되는 것을 억제한다. 뿐만 아니라 천연색소의 퇴색을 방지함으로써 식품의 품질을 향상시킨다. 카테킨은 노화를 막는 효과를 가지므로 차를 많이 마심으로써 젊음을 오래 유지할 수 있다.

## 식용기름의 산화를 방지한다

콩기름에 카테킨류를 첨가한 결과 강한 항산화성을 나타내는 것이 밝혀졌다. 카테킨의 이런 작용은 카페인과 상승작용을 하기 때문이라고 한다. 〈차 카테킨의 산화방지 효과〉 그래프를 보면 카테킨이 콩기름이나 채종유 등의 식물성 기름과 어유(魚油)에 대해 강력한 산화방지 효과를 나타내는 것을 알 수 있다.

카테킨류의 항산화성은 가공식품에 사용되고 있는 항산화제인 BHA나 비타민 E보다 강한 것이 증명되고 있다. 녹차로부터 분리한 4종류의 카테킨을 이용하여 쥐에 대한 항산화력 테스트를 한 결과, OH기가 많은 에피갈로카테킨과 에피갈로카테킨갈레이트가 강한 항산화력을 나타내는 것이 밝혀졌다.

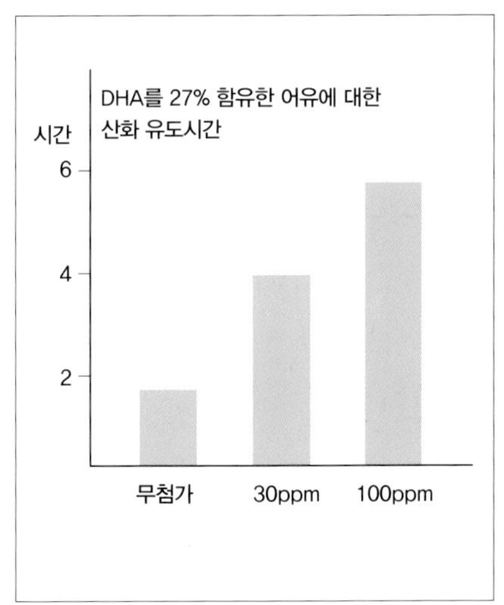

차 카테킨의 산화방지 효과(식용기름에 카테킨을 첨가하면 산화가 지연된다.)

## 체내 지질의 산화를 억제한다

카테킨류의 항산화성 연구를 통해서 에피갈로카테킨갈레이트가 간(肝)의 지질이 산화되는 것을 억제하는 것이 밝혀졌다. 또한 카테킨 성분은 비타민 E와 비타민 C, 구연산 및 주석산 등과 공존할 때 그 상승 효과가 크다고 한다.

그리고 쥐 실험에서 에피갈로카테킨갈레이트 및 카테킨류가 간 지질의 과산화화를 억제하는 효과가 있었다. 간뿐만 아니라 쥐의 다른 장기에서도 에피갈로카테킨갈레이트는 과산화화를 억제하는 효과를 보였다.

### 천연색소의 퇴색을 방지한다

찻잎에 들어 있는 카테킨은 카로틴이나 파프리카 등과 같은 퇴색이 빠른 천연색소가 퇴색하는 것을 방지하는 효과를 갖는다. 따라서 카테킨을 이용하여 음료나 과자 등의 품질을 향상시키는 효과가 기대된다.

## 라디칼 및 활성산소 제거

우리가 스트레스를 받으면 아드레날린과 노르아드레날린이 분비되면서 근육이 긴장되고 몸 안에 활성산소가 많이 발생된다. 인체 내부적 요인 혹은 외부적 요인에 의해 생성되는 유리기(free radical) 및 활성산소는 지방 중의 불포화 지방산을 산화시켜 과산화지질을 생성한다. 그런데 이 과산화지질이 몸에 축적되거나 혹은 조직을 손상시켜 노화나 성인병, 즉 동맥경화, 암, 뇌졸중, 심근경색, 위궤양, 알레르기 등을 유발시켜 문제가 된다.

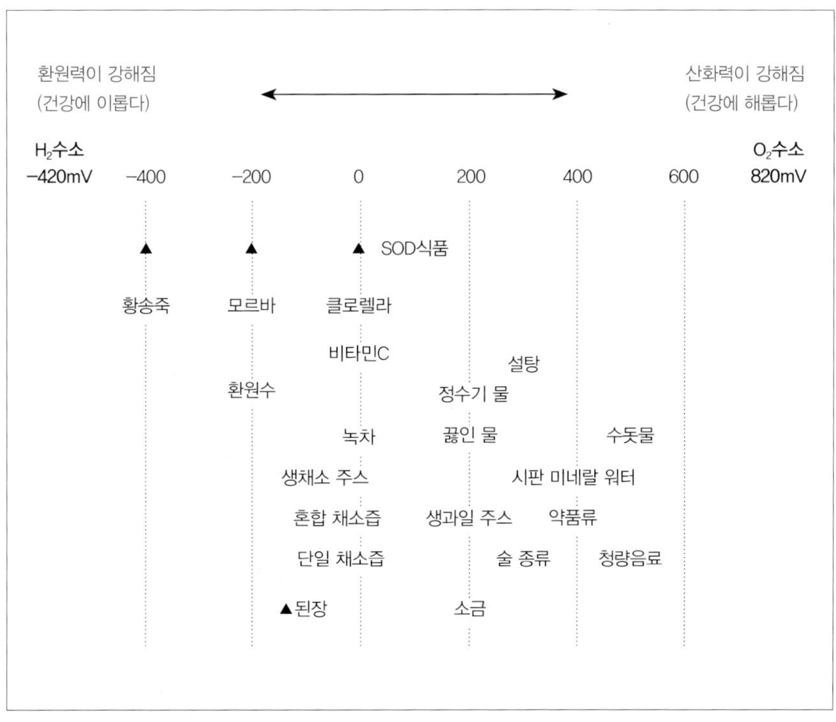


식품과 음료류의 산화 환원도(하루야마 시게오)

음식물은 에너지를 얻기 위해 절대적으로 필요하다. 하지만 균형식을 해야 함은 물론이고, 음식물로부터 발생한 산소를 중화시켜 활성산소의 해를 줄이는 지혜를 가져야 한다. 수소는 활성산소를 중화하는 강력한 물질이다. 된장 및 클로렐라 등 마이너스 전위를 갖는 물질이 우리 몸에 이롭다. 녹차에 함유된 카테킨은 활성산소를 소거하는 강력한 작용을 한다.

## 혈중 콜레스테롤 저하 효과

핏속에 콜레스테롤이 많으면 동맥경화, 심근경색, 뇌출혈 등의 순환기계 질병이 발생할 위험이 증가한다. 이들 질병을 예방하기 위해서는 혈중 콜레스테롤 수치를 정상으로 유지할 필요가 있다.

무라마츠(Muramatsu)라는 사람은 콜레스테롤 함유식을 3주일 동안 쥐에게 먹여 콜레스테롤의 농도가 올라가는 것을 실험하였다. 이때 차 카테킨이나 에피갈로카테킨갈레이트를 섞어 먹였더니 총 콜레스테롤의 농도가 상승하는 것이 현저히 줄어들었다. 특히 몸에 나쁜 영향을 미치는 저밀도 콜레스테롤의 농도 상승이 현저히 억제되었다. 차에 가장 많이 들어 있는 카테킨류인 에피갈로카테킨갈레이트는 음식 중에 들어 있는 콜레스테롤이 장에서 흡수되는 것을 강하게 억제하였다.

이마이(Imai)라는 사람은 녹차를 하루에 10잔 이상 마시는 사람은 그보다 적게 마시는 사람에 비해 혈중 총 콜레스테롤 및 중성지방 수치가 낮다고 하였다. 또 녹차를 하루에 10잔 이상 마시는 사람의 심장질환 보유율은 하루에 3잔 이하를 마시는 사람에 비해 약 절반이라는 역학조사를 하였다.

이상의 실험이나 역학조사로 나타난 바와 같이 녹차가 콜레스테롤의 증가를 낮추어 동맥경화나 허혈성 심장질환의 예방에 유효하다는 결론을 얻을 수 있어 매우 흥미롭다.

## 고혈압과 혈당 강하작용

고혈압은 우리나라 사람들이 많이 가지고 있는 질병이다. 그런데 고혈압은 안기오텐신과 같은 물질에 의해 조절된다. 불활성 안기오텐신 I은 안기오텐신 변환효소에 의해서 혈압의 상승작용이 강한 안기오텐신 II로 변환된다. 따라서 안기오텐신 변환효소의 작용을 저해하는 화합물은 혈압이 올라가는 것을 막는 작용을 한다.

하라(原)라는 사람은 에피카테킨갈레이트, 에피갈로카테킨갈레이트 및 테아플라빈이 안기오텐신 변환 효소의 작용을 현저하게 저해하는 효과를 가지고 있는 것을 밝혔다.

또한 고혈압이 자연적으로 생긴 쥐와 뇌졸중이 발생된 쥐에게 카테킨이 첨가된 사료를 먹이면 쥐의 혈압 상승이 억제되고, 뇌졸중 발생시간이 지연되며 수명이 길어지는 것으로 나타났다.

예부터 차가 당뇨병 치료에 효과가 있다고 전해졌다. 하라(原)는 당뇨병이 있는 쥐에게 차의 카테킨을 첨가한 사료를 먹였더니 혈당 상승이 억제되는 것을 알아냈다. 다시 말해 차의 카테킨이 혈당 상승을 억제하는 것이다.

왜 그럴까? 그는 차의 카테킨이 소화관 내에서의 아밀레이스, 수크레이지, 말테이스 등의 소화 효소작용을 억제시켜 혈당치와 인슐린의 농도가 올라가는 것을 억제시키기 때문이라는 것을 동물실험을 통해 증명하였다.

에피갈로카테킨갈레이트를 주성분으로 하는 차 카테킨의 알루미늄 착체가 혈당 강하작용이 있다는 보고도 있다. 카네타니(金谷)라는 사람은 당뇨병 환자(혈당치 240mg/dl)에게 카테킨 480mg(녹차 4~5잔 상당)을 매일 3개월 동안 투여하였더니 혈당치가 정상 수준으로 떨어진다는 결과를 얻었다.

## 항균작용과 장내 세균 개선작용 및 해독작용

옛날부터 차 침출액에서는 곰팡이나 세균류가 자라기 어렵다는 것이 알려져 왔다. 최근 카테킨류가 강한 항균, 항바이러스 활성이 있는 것이 증명되었다. 하라(原)는 식중독 세균인 황색포도상구균, 장염 비브리오균 등에 대해 차 카테킨류와 홍차의 테아플라빈류가 강한 항균활성을 가진다는 것을 밝혔다. 또한 차 카테킨은 콜레라균과 이질균 등의 병원성 세균에 대해 살균 효과가 있고, 해독작용이 있다는 것을 확인했다.

바이러스에 대해서는 어떨까? 차 카테킨 용액은 매우 묽은 농도에서도 인플루엔자 바이러스 A, B의 증식을 완전히 억제시킨다. 카테킨 중 에피갈로카테킨갈레이트가 에이즈 바이러스의 증식을 억제한다는 기사가 나가자 미국의 슈퍼마켓에서는 한동안 녹차를 찾는 고객들이 줄을 이었다고 한다.

녹차 추출물이 유산 생성균의 생육은 강하게 증대시키지만 부패균의 번식은 특이적으로 저해(부패세균인 장내 세균의 움직임을 억제하여 암모니아 스카톨의 생성을 억제시킨다)한다는 것은 재미있는 현상이다. 즉 차에 인간이나 동물의 장내 세균총(bacterial flora)을 개선하는 정장(整腸)작용이 있음을 시사하고 있다. 장내 세균에 대한 차 카테킨의 작용은 식물섬유와 유사한 점이 있다.

차의 해독작용으로는 모르핀 등의 알칼로이드를 침전시키는 성질과 중금속과 결합하여 중금속의 독성을 억제시키는 효과 등이 있다.

## 치석 합성 효소 저해작용

충치를 일으키는 충치균은 글루코실트란스퍼레이스를 분비한다. 이 효소는 설탕에 작용하여 불용성 글루칸을 생성하고 치석 형성을 유발시킨다. 차 카테킨류는 충치균에 대해 살균 효과가 있을 뿐만 아니라, 글루코실트란스퍼레이스라는 효소의 활성을 저해함으로써 치석의 형성을 억제한다.

## 항알레르기 및 면역계 활성화작용

최근 화분병과 천식 등 알레르기 환자가 증가하고 있다. 몸 안에 들어온 이물질(異物質)이 조직 중에 존재하는 마스트 세포(mast cell, 비만세포)의 표면에 부착하고 있는 면역 글로불린 IgE 항체와 특이적으로 결합하면 마스트 세포가 활성화된다. 이 활성화된 마스트 세포로부터 알레르기 증상을 유발하는 항히스타민 등이 방출되어, 염증이 일어나는 과정을 거친다.

마에다(Maeda)라는 사람은 녹차 추출액과 차 카테킨류에 마스트 세포로부터 히스타민이 유리되는 것을 억제하는 활성이 있음을 보고했다. 특히 에피갈로카테킨갈레이트가 강한 활성을 나타내었다고 한다. 한편으로 차 카테킨류가 인체의 면역계를 활성화하는 작용이 있다는 연구가 조금씩 진행되고 있다.

## 입 냄새 및 악취 제거

암모니아 냄새, 트리메틸아민의 비린 냄새, 유화수소 냄새, 메틸멜캅탄(썩은 양파 냄새) 냄새는 4대 악취로 불리어진다. 차 카테킨은 플라보노이드의 일종으로 냄새를 없애는 강한 효과가 있어 악취 성분을 효과적으로 제거한다.

녹차의 카테킨 성분이 마늘 냄새를 제거하는 효과를 알아본 실험이 있다. 녹차의 카테킨 성분은 마늘 냄새를 대조군의 50% 수준으로 줄여준다. 녹차 카테킨 수용액은 대조군의 14% 수준으로 줄여주어 효과가 더 크다. 입냄새 제거에 있어서는 조카테킨(대조군의 19% 수준으로 줄임)보다 에피갈로카테킨갈레이트(대조군의 14% 수준으로 줄임)가 효과가 크다.

## 알츠하이머형 치매 억제 효과

알츠하이머형 치매는 노년기에 접어들면서 발병되는 뇌변성 질환이다. 이 병은 진행성 기억장애와 지능저하를 가져온다. 그 발병 과정은 우선 베타아밀로이드 펩티드라고 하는 단백질이 축적되고, 이후 치매현상이 나타남과 동시에 알츠하이머-신경원섬류 농축제가 뇌에 축적된다고 한다.

가즈오(Kazuo)는 쥐를 이용한 실험에서 녹차로부터 분리된 카테킨이 알츠하이머의 원인물질로 생각되는 베타아밀로이드의 독성을 억제한다고 하였다.

## 신장질환의 진전 억제

최근에 국제학회에서 일본 토야마 의대의 연구진들은 녹차와 신장질환과의 관계를 쥐와 투석환자를 이용한 실험 결과를 통해서 밝혔다. 차의 카테킨은 산화라디칼을 제거함으로써(강한 uremic toxin(요독소)인 메틸 구아니딘 : MG의 축적 방지) 신장병이 진전되는 것을 억제시킨다고 했다. 그리고 50여 명의 투석환자들에게 6개월간 카테킨을 투여시킨 결과 혈중에서 Cr(크롬), Mg(마그네슘) 및 마크로 글로불린이 감소되었으며, 투석환자의 신장질환이 진전되는 것을 억제한다는 가설을 제기하였다.

### 이규태 코너의 항암 녹차

차의 효용에 대해 동서고금의 많은 문헌이 여러 측면에서 언급하고 있다. 당나라 때 모문석(毛文錫)은 《다보(茶譜)》에서 이렇게 적고 있다.

"차 1냥을 땅에서 솟은 물에 달여 먹으면 숙질(宿疾)이 낫고, 2냥이면 안질이 나으며, 3냥이면 살이 단단해지고, 4냥이면 선골(仙骨)이 된다."

《본초강목》에서는 차를 오래 마시면 몸 안팎에서 기름기를 빼고 창자를 이롭게 하여 설사를 멎게 하며 열을 쫓고 눈을 밝게 하여 잠을 쫓는다고 하였다. 송나라의 소식(蘇軾)은 차가 근심을 녹이고 심신의 응어리를 풀어준다고도 했다.

17세기에 중국에 와서 포교했던 선교사 드로드는 "최고령까지 사는 것이 별반 희귀하지 않은 이들 백성에게 크게 기여하고 있는 것이 바로 녹차다. 이 녹차에 세 가지 주된 효능이 있다. 하나는 두통을 낫게 하는 일이다. 나도 그 효험을 많이 보았다. 또 머리가 무겁거나 화가 나거나 불쾌한 일이 있을 때도 이 차로 효험을 보았다. 이것이 둘째 효능이요, 셋째로는 신장을 맑게 하여 이 지역에 사는 사람에게서 통풍이나 요석을 앓는 사람을 보지 못했다"라고 기록을 남겼다. 드로드의 차에 대한 여행기록은 유럽에 차의 선풍을 일으켰다.

이 동서고금의 차의 효능에 대한 과학적 입증이 진행되어왔다. 한국화학연구소에서는 염색체 실험을 통해 녹차에 항암 성분이 분명히 있음을 확인하였다. 차가 심신의 응어리를 풀어준다는 옛 사람의 체험방이 허구가 아니었음을 입증한 것이다.

※ 자료 : 〈조선일보〉

# 카테킨 이외의 성분이 갖는 약리작용

## 카페인

카페인은 피로를 회복하고 기분을 전환시키며 이뇨를 촉진하는 작용이 있다. 카페인을 지나치게 많이 섭취하면 정서불안이나 초조감이 생기지만, 차의 카페인은 부작용이 거의 없다고 한다. 왜냐하면 차의 카페인은 카테킨류와 결합한 형태로 존재하고, 차 특유의 아미노산인 테아닌이 카페인의 활성을 저해하는 작용을 하기 때문이다. 따라서 차를 마실 때 카페인은 서서히 흡수되기 때문에 생리작용도 완만하

**茶 카테킨 이외의 성분들의 약리작용**

| 성분 | 약리작용 |
|---|---|
| 카페인 | 각성작용, 이뇨작용 |
| 비타민 C, $B_2$, E | 항산화작용, 스트레스 감소, 노화 방지 |
| 카로틴 | 항산화작용, 항암 작용 |
| 감마-아미노부틸산 | 혈압 강하작용(뇌출혈 예방) |
| 플라보노이드 | 혈관벽 강화, 항산화작용 |
| 플루오린(불소) | 충치 예방 |
| 다당류 | 혈당 저하 |
| 테아닌 | 감칠맛 부여 및 카페인 작용 저하 |

게 진행된다.

일반적으로 성인이 차를 마셔서 카페인 섭취량이 과잉되는 일은 거의 없다. 하지만 유아, 임산부, 약을 복용 중인 사람, 알코올 중독자 등은 차를 적당량만 마시거나 금하는 것이 좋다. 카페인은 알칼로이드의 일종이며 중추신경을 흥분시키는 약리작용이 있다. 카카오 열매 등에도 카페인이 들어 있지만 차에 가장 많이 들어 있어서 건조물 중의 2.5~5.5%를 차지하고 있다.

## 비타민

비타민의 작용은 무궁무진하지만, 특히 특정의 비타민류가 항산화 기능을 가진다는 것은 주목할 만하다.

### 비타민 C

녹차에 들어 있는 비타민 C의 함량은 비교적 높다(2.5~5.7 mg/g). 비타민 C는 차가 저장이 잘 되었을 때는 2~3년 동안 파괴되지 않고 유지된다. 특히 녹차의 비타민 C는 단백질과 결합한 상태로 있으므로 잘 파괴되지 않는다. 비타민 C는 강한 환원력을 가지고 있어 산화를 방지하고 색깔이 갈변되는 것을 방지해준다. 또한 체내에 생성되는 유리기를 없애고 암의 발생을 억제한다.

차의 비타민 C는 카테킨과 같이 과산화지질의 생성을 낮추어 동맥경화를 억제하고 노화현상을 방지한다. 또 세균에 대한 저항력을 높여주고, 스트레스에 대한 내성(耐性)을 높여준다. 멜라닌 색소의 생성을 억제함으로써 흰 피부를 유지하게 한다.

많이 태운 차나 우롱차에는 비타민 C의 함량이 적다. 홍차는 만들 때 발효 과정에서 환원형 비타민 C의 대부분이 산화형 비타민 C로 되거나 파괴된다.

### 비타민 $B_2$

녹차와 분말차는 시금치나 파슬리보다 비타민 $B_2$(리보플라빈)를 더 많이 함유하고 있다. 비타민 $B_2$는 지질의 과산화를 억제하는 효과가 있다. 또한 적혈구의 산화적 장해를 막는 효과가 있다. 비타민 $B_2$가 결핍되면 피로와 우울증과 같은 신경장애가 생긴다. 소금을 많이 섭취하면 비타민 $B_2$의 효력을 떨어뜨리므로 짜게 먹는 사람에게 더욱 요구되는 비타민이다.

### 베타-카로틴

녹차나 우롱차의 베타-카로틴 함량은 매우 높은 편이다(13mg/녹차 100g, 29mg/가루차 100g). 베타-카로틴은 장관에서 흡수되어 간(肝) 등에서 비타민 A로 변환되므로 프로비타민 A라고 한다. 이것은 몸 안에서 라디칼을 소거하고 산화를 억제하는 등의 작용을 한다. 또 지질의 산화를 막아 세포의 산화적 장해를 억제한다.

### 비타민 E(토코페롤)

다른 농작물에 비해 녹차에는 비타민 E도 많이 들어 있는데, 시금치에 들어 있는 양의 약 25배에 해당된다. 인체 실험에서 비타민 E는 고밀도 콜레스테롤(몸에 좋은 콜레스테롤이므로 이 수치가 높으면 동맥경화에 걸리지 않는다)을 증가시킨다. 그리고 저밀도 콜레스테롤(이 수치가 높으면 동맥경화에 걸리므로 나쁜 콜레스테롤이라고 한다)을 감소시키는 작용을 한다. 이처럼 차에 들어 있는 비타민 E는 동맥경화를 예방하는 효과가 있고 카테킨처럼 항산화작용도 한다.

그 밖에 비타민 E는 유리기를 소거하고 생체막을 보호한다. 또 지질의 과산화 라디칼의 연쇄반응을 중지시키고, 아질산으로부터 니트로소아민이 생성되는 것을 정지시킴으로써 발암을 억제한다. 그리고 당뇨병과 백내장을 예방하는 효능이 있다.

## 특수 아미노산

### 감마아미노낙산

산소를 없애고 일정 시간 질소 중에 두는 혐기처리를 하면 찻잎 중의 글루탐산이 감마아미노낙산으로 축적된다. 이 성분은 동물 및 사람의 혈압을 저하시킨다는 사실이 증명되었다. 약자인 GABA를 따서 '가바'라는 차가 만들어져 시판되고 있다. 또한 이 성분은 신경과민을 억제하고 경련을 저지하는 약효가 있다.

### S-메틸메티오닌

S-메틸메티오닌은 1950년에 양배추에서 추출한 것인데, 항궤양성 인자라고 하여 비타민 U라고도 불린다. 이 성분은 가루차, 옥로 등의 볕가리개차나 햇차에 많이 포함되어 있다.

## 테아닌

테아닌은 1949년에 일본에서 처음 발견되었으며 녹차의 감칠맛을 내는 성분으로 햇차에 많이 들어 있다. 테아닌은 카페인의 활성을 저해하여 차에 들어 있는 카페인의 부작용을 줄여준다.

## 플라보노이드

차의 플라보노이드류는 카테킨류 이외에 카테킨류와 유사한 구조를 가지는 플라보놀(퀘세틴(quercetin), 캠페롤(kaempferol), 미리세틴(myricetin))류와 플라본(아피제닌(apigeine), 루테올린(luteolin))류 등이 있다. 찻잎에 들어 있는 이들의 함량은 카테킨의 10분의 1에 지나지 않는다. 이들은 당과 결합한 배당체로 존재한다.

차의 플라보노이드류는 기름 등의 산화를 촉진하는 금속을 봉쇄하고, 산화를 진행시키는 주역인 유리기를 소거한다. 또 저밀도 콜레스테롤의 산화를 막고 산화 효소의 활성을 저해하는 등의 항산화작용을 하여 각광을 받고 있다. 또 어떤 종류의 플라보노이드는 비타민 C의 활성을 강화시키고, 모세혈관을 증강시키는 비타민 P로서도 작용한다.

헤르토(Herto)라는 사람은 네덜란드인(65세 이상의 남성)을 대상으로 5년 동안 연구한 결과, 플라보노이드 섭취량이 많은 사람(1인당 19mg)이 적은 사람보다 관상동맥 심질환으로 사망하는 확률이 적다는 것을 밝혔다. 19mg의 플라보노이드는 녹차 두 잔이면 공급되는 양이다.

프랑스에서는 동물성 지방의 섭취량이 많은데도 심근경색 질환에 의한 사망률이 낮은 것으로 유명하다. 이 현상을 '프랑스인의 패러독스(French paradox)'라고 하는데, 이유로는 유럽에서 프랑스 사람들이 가장 포도주를 많이 마시는 데 있다. 적색 포도주에는 녹차와 마찬가지로 플라보노이드가 많이 들어 있다.

## 무기질

무기 성분은 찻잎 중에 5~6% 정도 포함되어 있는데, 그것의 약 2/3가 뜨거운 물에서 추출된다. 무기 성분의 대부분은 칼륨과 인이지만 망간, 아연, 플루오린(불소), 셀레늄(Se) 등의 필수 미량원소도 포함된다.

차의 플루오린(불소)은 충치 예방에 유효하며 아연 또한 녹차를 몇 잔 마시면 1일 아연 섭취량의 1/3 정도를 섭취하게 된다. 지나친 다이어트는 아연의 결핍을 가져오는데, 아연 결핍은 생식기능을 저하시킬 뿐만 아니라 후각기능도 나쁘게 하므로 매우 위험하다. 차의 칼륨은 고혈압에 유효하며 차의 망간은 효소의 활성화에 중요한 역할을 한다. 셀레늄은 유해한 과산화지질의 분해에 관여하는 물질을 구성하는 성분이기 때문에 최근 주목받고 있다. 또한 아연, 망간, 구리, 셀레늄 등은 항산화 성분이다.

## 다당류

중국과 일본에서는 민간요법으로서 당뇨병 치료에 녹차를 이용한다고 한다. 실제로 녹차에서 추출한 다당류는 카테킨과 함께 혈당의 상승을 억제한다.

왕(Wang)이라는 학자의 실험에 의하면 쥐에 대한 혈당 실험 결과, 녹차 다당류를 첨가한 사료를 먹인 경우 혈당이 낮게 나타났고, 중성지질과 콜레스테롤 수치도 감소되었다고 한다. 또한 녹차 다당류는 혈중 면역력도 크게 개선한다고 한다. 녹차의 다당류는 고급 녹차보다 하급 녹차에 많기 때문에 값이 싼 하급 녹차에서 다당류를 추출해 이용하는 것이 바람직하다.

## 기타

사포닌은 차나무 씨앗에 0.3%, 찻잎에 0.1% 정도 포함되어 있다. 사포닌의 생리작용으로는 항균작용과 용혈작용 등이 있다.

## 녹차 성분 중의 비타민 M, 비타민 P, 비타민 U란?

### 비타민 M

녹차 중의 어떤 성분이 원숭이의 빈혈 방지에 유효하다는 것을 발견한 사람이 그 성분을 비타민 M이라 하고 비타민 $B_{10}$으로 불러주기를 요청했다. 나중에 그 성분은 엽산(葉酸 : folic acid)이라고 명명되었다. 비타민 M이 부족하면 적혈구 형성이 감퇴되고 설염과 위장장애를 일으킨다. 괴혈병 환자와 우유를 먹는 어린이가 비타민 M과 비타민 C가 부족하면 적혈구성 빈혈이 된다고 한다. 진통제나 이뇨제 및 피임약을 상용하면 비타민 M 소비가 많아진다. 차로 마시는 것보다 찻잎 분말을 그대로 이용하면 효과가 크다.

### 비타민 P

플라보노이드 성분 중 사람의 생체반응에 중요한 구실을 하는 종류를 바이오플라보노이드라고 한다. 녹차에 들어 있는 플라보노이드 성분 중 혈액순환을 좋게 하고 모세혈관을 증강시켜 혈관벽의 침투성을 유지하는 성분(루틴)이 있는데, 이 성분은 모세혈관의 침투성(permeability)을 조절한다는 뜻에서 비타민 P로 명명되었다. 밀감이나 레몬의 껍질 안쪽의 흰 부분에도 많아 비타민 P를 시트린이라고도 한다(citrus : 밀감류).

### 비타민 U

S-메틸메티오닌을 말하며 1950년에 양배추에서 추출한 것인데 항궤양성 인자라고 하여 비타민 U라고도 불린다. 녹차 향기의 전구체로도 작용하며 옥로차, 가루차 등의 볕가리개차나 햇차에 많이 포함되어 있다. 그러나 많이 태운 차나 홍차 및 우롱차에는 거의 들어 있지 않다.

# 환경호르몬과 차

## 환경호르몬의 작용 억제

환경호르몬은 내분비 교란물질이라고도 한다. 체내에 들어가서 마치 호르몬처럼 내분비계를 교란시키고, 이상을 일으킨 내분비계가 생식기와 면역계 및 신경계에 작용하여 건강에 악영향을 미치는 환경오염 물질을 말한다.

일상생활에서 우리가 접하고 있는 화학물질은 수만 종류에 이르고, 이중 환경호르몬 작용이 밝혀진 것만도 70여 종이나 된다고 한다. 문명이 발달되면 될수록 우리 주변은 잔류농약이나 합성수지, 포장, 식품용기 등의 생활용품에서부터 나오는 화학물질로 오염된다.

지금 세계적으로 환경호르몬에 대한 연구가 활발하게 진행되고 있다. 연구가 진척되면 될수록 내분비 교란물질인 환경호르몬의 종류도 늘어날 것이므로 그 대책이 시급하다. 우리의 힘으로 어쩔 수 없는 부분도 많겠지만, 환경론자들은 우리가 피해갈 수 있는 길은 피해가자고 한다.

식품으로 섭취할 수 있는 식물섬유와 엽록소가 환경호르몬들을 몸 밖으로 배출시키는 데 매우 효과적이라고 한다. 최근의 연구로 키미에 사이(Kimie Sai)는 실험용 쥐에 방부제(나무 보존제)나 제초제에 들어 있는 펜타클로로페놀(PCP)을 사용하여 이 물질이 간암 발생 및 이와 관련된 생리학적 변화에 미치는 영향을 조사하였다. 펜타클로로페놀은 환경호르몬의 일종이다.

실험 결과 펜타클로로페놀을 투여한 쥐의 50%에서 종양이 발생하였다. 반면 녹차를 함께 먹인 쥐에서는 20%만 종양이 발생하였다. 펜타클로로페놀에 의한 간 조직의 손상도 녹차를 같이 먹임으로써 감소하였다. 또한 녹차는 펜타클로로페놀에 의해 유도되는 유전자 손상을 보호하고, 비정상적인 세포 증식을 억제하였다. 결과적으로 녹차는 환경호르몬의 바람직하지 않은 작용을 억제하는 데 효과가 있었다.

## 다이옥신의 피해 방어

다이옥신에 대한 매스컴의 보도는 어른뿐만 아니라 어린이들에게까지 그 영향을 미쳐 특정한 식품에 대한 기피현상을 초래하였다. 다이옥신은 공장의 매연이나 폐기물의 소각 및 염소를 함유한 물질을 태울 때 주로 발생하여 공기 중에 방출되며, 토양이나 하천을 오염시키고 물이나 식물 및 동물에 의해 우리의 체내로 들어온다.

이렇게 몸 안에 들어온 다이옥신은 지방 친화적 물질이기 때문에 1/3가량이 체지방으로 축적되고, 나머지는 간(肝)에 축적되며 혈액이나 뇌에도 소량 축적된다고 한다.

유기염소(Cl)가 결합된 화합물인 다이옥신은 그 종류도 매우 많다. 이들 중에서 가장 독성이 강한 것은 2,3,7,8-TCDD(4염화 다이옥신)이다.

다이옥신이 몸 안에 축적되어 나타낼 수 있는 부작용은 후세대에 기형 형성, 호르몬과 관련된 암과 자궁내막염 유발하며, 정자 수를 감소시키는 생식 독성 등이다.

최근 강경선과 이영순(서울대, 1999)이 발표한 '다이옥신에 노출된 성숙 랫드의 생식 장기와 정자 운동능력 및 정자 수에 미치는 녹차의 효과'라는 연구논문을 살펴보자.

우선 다이옥신(2,3,7,8-TCDD)을 투여함으로써 부고환 및 전립선의 무게가 증가되는 현상을 보였는데, 녹차를 음용한 랫드에서는 장기 무게가 그다지 늘지 않았다. 반대로 다이옥신에 의한 정낭선의 감소는 녹차 투여에 의해 유의하게 증가하여 대조군과 비슷한 수준으로 회복되었다.

한편 정자의 운동능력은 별다른 변화가 관찰되지 않았으나, 녹차를 투여함으로서 다이옥신에 의해 정자 수가 감소되는 것을 막거나 오히려 정자 수를 증가시키는 것으로 나타났다.

이러한 연구는 녹차를 음용함으로써 다이옥신의 나쁜 영향을 방어할 수 있음을 알려 주고 있다. 녹차는 어떻게 그러한 효과를 보이는 것일까? 그 확실한 이유를 밝히는 것이 앞으로의 연구 과제이다.

# 차의 테아닌과 정신건강

차에 들어 있는 아미노산의 생리적인 효능에 관해서는 많이 알려져 있지 않다. 차에 포함된 독특한 아미노산인 테아닌의 생리작용을 최근 국제학회에서 발표된 연구 결과를 토대로 설명하면 다음과 같다.

## 뇌 내 신경전달물질의 변화

쥐에게 테아닌을 투여하면 장관(腸管)으로 흡수되어 혈액이나 간장(肝腸) 등에 들어가고 뇌에도 직접 흡수된다. 뇌에는 수십 종의 신경전달물질이 있는데 신경전달물질은 식욕, 수면, 주의력, 기억, 학습, 정서, 감수성 등 여러 가지 행동들을 조절한다.

실험용 쥐에게 테아닌을 투여하면 뇌 내의 세로토닌(serotonin)이나 카테콜아민(catecholamine) 등의 신경전달물질을 변동시킨다. 또한 도파민(dopamine)의 방출을 촉진하는 효과도 있다. 도파민은 중추신경에서 신경전달물질의 기능을 하지만 과다할 경우는 좋지 않다. 하지만 인간에게 의욕을 불러일으키는 호르몬 역할을 한다.

## 긴장완화 효과

긴장완화를 재는 지표로는 혈압이나 심박수 등이 있지만 뇌전도(뇌파)를 측정하는 방법도 있다. 뇌파는 빈도와 진폭이 다른 α파, β파, δ파 등으로 구성된다. 아직 불명확한 점이 많지만 일반적으로 α파는 안정하고 있을 때 나타나고, β파는 흥분상태에서 나타난다고 한다.

α파가 많이 방출된다는 것은 마음이 편안하다는 것을 의미한다. 꽃을 좋아하는 사람에게 꽃을 보여주고, 생각하게 한 후 뇌파검사를 하면 α파가 많이 방출된다고 한다.

테아닌 용액을 사람에게 섭취시켜 뇌파를 측정한 결과 테아닌 섭취군은 테아닌 용액 대신 물을 사용한 대조군에 비해 섭취 1시간 후 α파가 2배 증가하였다. α파가 나타나는 빈도도 1시간당 대조군이 150회인데 비해 테아닌군은 250회로 측정되었다. α파가 출현한 시간도 대조군은 1시간당 9분인데 비해 테아닌군은 14분으로 길었다.

## 기억과 학습행동 강화 효과

실험용 쥐에게 먹이를 이용해서 한 학습실험이나 전기자극이 있는 위험한 암실을 피해 안전한 곳에 머무르는 시간을 측정하는 실험 등에 의하면 테아닌 투여군이 기억력이 좋았다.

## 월경증후군 개선 효과

실험용 동물이 아닌 여성들에게 테아닌을 경구투여하여 실험한 결과 월경증후군(PMS : premenstrual syndrome) 및 우울함 같은 정신적 징후와 두통, 복부 통증과 같은 신체적 징후를 상당히 개선시키는 효과가 있음을 알아냈다.

그외의 테아닌의 효능으로 허혈성 신경손상 예방, 혈압 강하작용, 비만억제작용, 항종양제(抗腫瘍劑)인 아드리아마이신의 효과 상승작용, 신맛의 상쇄 효과 등이 있다.

7장

# 차 추출물의 효능과 이용

녹차, 홍차, 우롱차는 차나무의 어린잎에서 만들어진다는 공통점을 가지고 있다. 따라서 동일한 성분도 많으며, 동일한 성분에 의한 효능은 일치한다. 예를 들어 전염병 병원균인 티프스균과 콜레라균, 설사의 원인이 되는 세균류, 장염 비브리오균 등에 대한 항균작용은 녹차와 홍차 모두 동일한 효과를 나타낸다.

# 차 추출물의 이용

차 추출물에는 이미 소개한 여러 가지 효능을 가진 성분들이 풍부하게 들어 있다. 그래서 차 추출물 자체를 여러 연구에 이용하기도 하고, 필요에 따라서는 거기에서 특정한 성분만 분리하여 이용하는 연구가 최근 활발하게 진행되고 있다. 그 결과 차 추출물은 식품뿐만 아니라 건강과 관계 깊은 기능성 식품과 의약품 및 생활용품에 이르기까지 폭넓게 자리 잡아가고 있다.

## 기능성 식품 및 의약품

일본에서는 차에 들어 있는 폴리페놀 성분만 추출하여 폴리페논 E(polyphenon-E)라는 이름으로 기능성 성분을 만들어 다양하게 이용하고 있다. 또한 차 카테킨을 함유한 녹차 추출물과 비타민 E를 함유한 밀배아유를 섞어서 캡슐로 만들어 새로운 건강식품이 선보이고 있다. 이처럼 차의 성분 중 카테킨은 건강

식품 및 다른 용도로 다양하게 사용될 수 있다.

중국에는 차의 폴리페놀 성분을 이용한 건강 관련 제품들이 많으며, 차를 이용해 의약품을 만드는 공장도 무수히 많다고 한다.

차 추출물을 이용한 제품은 주로 혈액순환을 개선시키는 데 이용되며 녹차의 카테킨이 앞에서 말한 바와 같이 여러 효능이 있다. 그래서 세균성장 억제, 알코올 해독, 스테로이드성 피부질환 치료, 당뇨병, 비만 등의 치료에 이용되는 특허가 많다고 한다.

**茶 차의 카테킨을 이용한 식품**

| 이용 | 용도 |
|---|---|
| 말린 생선 | 산화방지, 선도 유지 |
| 어유, 유지 | 산화방지 |
| 청량음료 | 항균, 향기 보유 |
| 과자, 사탕 | 항균, 항바이러스 |
| 카테킨 계란 | 지질 감소 |
| 축육제품(햄 등) | 냄새 제거, 선도 유지 |

## 생활용품

차의 폴리페놀은 항산화작용, 악취 제거, 살균작용 등의 효능이 있으므로 이러한 특징을 이용한 화장품, 구강청결제, 세제 등이 국내외에서 시판되고 있다. 일본에서는 차의 성분이 공기를 청정하게 하고 항균 역할을 한다고 해서, 녹차 색소를 이용한 물수건까지 등장하고 있다.

# 녹차 추출물의 효능

앞 장에서 녹차에 들어 있는 여러 가지 성분과 효능에 대해 알아보았다. 이번 장에서는 녹차 추출액의 효능들에 대해 필자가 연구한 것을 중심으로 자세히 설명해보기로 하겠다.

## 스트레스성 십이지장 궤양에 미치는 영향

환경요인이 크게 변화하면서 전형적인 스트레스 질환인 십이지장 궤양의 발생이 증가되고 있다. 또한 발생하는 연령도 점점 낮아지고 있다. 현대인들은 물리적, 화학적, 생화학적으로 다양한 스트레스에 시달리고 있다. 또한 정신적인 스트레스가 더욱 심해져가고 있다. 사회구조가 고차원적으로 변화되고 복잡해지면서 중추신경계가 고도로 발달한 인간에게는 앞으로 스트레스 때문에 발병되는 십이지장 궤양의 발생이 늘어날 가능성이 더욱 크다.

십이지장 궤양은 위액에 의한 십이지장 점막의 소화작용과 위액에 대응하는 십이지장 점막 방어인자의 평형이 깨졌을 때 발병하는 것으로 생각되고 있다. 십이지장 궤양을 치료하는 약들이 광범위하게 사용되고 있으나, 그 치료제가 중추신경계에 부작용을 나타낸다는 것이 보고되고 있다.

그러나 필자의 연구팀은 부작용의 우려가 거의 없는 녹차가 십이지장 궤양의 발병을 억제하거나 예방하는 효과를 알아보았다. 실험은 우리가 일상생활에서 녹차를 이용하는 방법으로 녹차 추출액을 만들어 흰쥐에게 먹였을 때 십이지장 점막의 방어인자의 활성이 어떻게 변화하는지를 확인하는 것이었다.

실험방법은 흰쥐에게 사료와 수돗물을 먹여 1주일 동안 예비 사육한 뒤, 사료와 녹차 추출액을 자유 섭식시켜 63일 동안 사육하였다. 대조군은 같은 기간에 녹차 추출액 대신 수돗물을 자유 섭식시켰다. 이렇게 다른 방법으로 사육한 흰쥐 모두에게 궤양유발제를 투여한 다음 일정 시간이 지난 후에 복부를 열어 위와 십이지장에 형성된 궤양을 관찰하였다.

관찰한 결과 수돗물을 먹인 대조군에서는 7마리 중 6마리에서 적갈색으로 변한 십이지장 궤양이 관찰되었고, 그 중 3마리에서는 직경 2~3mm의 천공성 궤양이 관찰되었다. 한편 녹차 추출액을 투여한 흰쥐에서는 7마리 중 3마리에만 십이지장 궤양이 관찰되었고, 그 상태도 미약하였다. 결과적으로 수돗물을 먹인 쥐에 비해 녹차 추출액을 먹인 쥐에서 약 50%의 궤양 억제 효과가 나타났다.

이러한 효과는 녹차 추출액이 십이지장 점막 방어인자의 활성을 유지시킴으로써 나타난다. 즉 녹차 추출액을 먹이지 않은 경우 궤양 유발제를 투여했을 때 십이지장 점막 억제 효소인 ALP 활성이 현저하게 저하되었다.

그러나 녹차 추출액을 섭식시킨 쥐들에서는 ALP 활성이 유지되어 궤양 유발제에 대한 감수성을 완화시켰다. 그리고 ALP 분자의 종에 있어서도 수돗물을 섭식시킨 쥐들과 상이한 양상을 나타내었다. 결국 녹차 추출액이 항궤양적 생리 활성을 발휘하고 있는 사실이 밝혀진 것이다.

**茶 녹차 추출액을 투여시킨 쥐의 십이지장 궤양 억제 효과**

| 처리 | 쥐의 수 | 궤양억제 %(궤양에 걸린 쥐의 수) |
|---|---|---|
| 수돗물 | 6 | 0.0(0) |
| 시스테아민(궤양 유발제) | 7 | 5.7(6) |
| 녹차 | 6 | 0.0(0) |
| 시스테아민(궤양 유발제) | 7 | 42.9(3) |

## 녹차의 휘발성 향기 화합물의 항돌연변이 효과

누구나 좋은 향기를 맡으면 기분이 상쾌해지고, 나쁜 냄새를 맡으면 불쾌해진다. 향기는 인간의 심리적인 면과 생리적 측면에 큰 영향을 미친다. 나아가 어떤 정유(精油)물질은 치료 효과를 나타낸다. 정유는 향기 화합물을 모은 액을 말한다. 현재 여러 가지 향료들이 의학용으로 사용되고 있으며, 이들이 살균 및 항균성을 가진다는 연구 보고가 있다.

프랑스의 병리학자 가테포세(gathefosse)는 정유물질과 그 성분을 여러 가지 치료에 이용하여 효과를 인정받았다. 최근 방향(芳香)에 의한 치료법, 즉 '아로마테라피(aromatherapy : 방향요법)'라는 용어가 널리 사용되고 있다. 여기서 '아로마(aroma)'는 향기를 뜻하고 '테라피(therapy)'는 치료를 의미한다.

녹차 향기의 기능성 연구로서 살균 효과에 대한 보고가 있는데, 최근에 향기가 갖는 진정 및 각성 효과를 전기생리학적으로 평가하는 방법이다. 녹차와 소나무 향기를 비교한 실험으로 소나무 숲의 향기가 진정작용을 나타내는 반면, 녹차는 기분을 고조시키는 역할을 한다는 결과가 나왔다.

녹차의 불휘발성 성분의 기능성에 관한 연구는 많으나 녹차 향기의 기능성에 관한 연구는 거의 없는 실정이다. 그래서 필자의 연구팀은 향기 화합물의 또 다른 기능성을 찾기 위해 국산 녹차로부터 동정된 주요 향기 화합물이 갖는 항돌연변이 효과를 알아보는 실험을 하였다. 우선 지리산 녹차에서 향기 화합물을 동정하였고, 동정된 화합물 중 중요한 향기 화합물의 표품을 구입하여 항돌연변이 효과를 시험했다.

지리산 녹차에는 장미꽃 향기를 내는 제라니올, 벤질 알코올, 2-페닐 에탄올의 함량이 높았다. 트랜스-3-헥세놀, 리나롤, 제라니올과 네롤리돌은 돌연변이 물질의 검출에 이용되는 살모넬라(Salmonella TA100)에 대해 간접 돌연변이원인 $AFB_1$과 MNNG의 돌연변이 활성을 억제하는 효과가 강하였다. 특히 제라니올은 $AFB_1$과 MNNG에 대해 각기 85%와 95%의 돌연변이 억제 효과를 보였고, 네롤리돌은 각기 96%와 82%의 돌연변이 억제 효과를 나타냈다. 또한 리나롤은 각기 72%와 92%의 돌연변이 감소 효과가 있었다.

한국의 재래종 녹차인 지리산 녹차에는 제라니올이 많이 포함되어 있는데, 제라니올은 유방암에 대해 항암 효과가 있다는 보고가 있다. 그런가 하면 개량종(야부키다)으로 만든 T사의 녹차에는 네롤리돌이 많이 포함되어 있다. 네롤리돌은 식물성 에센셜 오일(essential oil)에도 일반적으로 많이 들어 있는 성분이다. 그 밖에도 인돌과 벤질시아나이드 및 시스-재스몬도 강한 항돌연변이 효과를 가졌다.

푸르푸릴 알코올, 시스-3-헥세놀, 리나롤 옥사이드 등은 $AFB_1$보다 MNNG에서 더 강한 억제 효과를 보였다. 2,5-디메틸 피라진, 벤질 알코올, 2-페닐 에탄올, 베타-이오논 등은 약하거나 보통의 항돌연변이 억제 효과를 보였다.

결론적으로 제라니올, 네롤리돌, 리나롤 등의 향기 화합물은 강한 항돌연변이 효과를 가지고 있다. 이들 성분은 다른 식물이나 향신료, 기호음료에도 함유되어 있지만, 비록 적은 양이라도 녹차를 매일 음료수처럼 마시면 불휘발성 물질인 카테킨의 작용을 도와 항돌연변이 효과를 기대할 수 있을 것이라 생각된다.

## 전자파 방어 효과

현대인들은 일상생활에서 전자파를 발생하는 기기에 항상 노출되어 있다. 전자파의 부작용에 관한 논란도 계속되고 있다. 항상 전자파에 노출되는 사람은 기억력 감퇴나 두통 등의 증상을 호소하며, 심하면 뇌에 질병이나 기타 증상이 나타날 우려도 있다고 한다. 전자파는 우리 몸 안에서 활성산소의 생성을 유발시킨다.

전자파에 의한 생체의 유해성 여부를 확인하고 녹차가 전자파의 유해성을 완화시킬 수 있는지를 생체방어 기전을 통해 관찰한 연구가 있다.

이순재 교수 등은 흰쥐를 사용하여 마이크로웨이브를 조사(照射)하지 않은 정상군과 증류수를 공급하고 전자파를 조사하는 마이크로웨이브군, 그리고 녹차를 공급하면서 마이크로웨이브를 조사하는 녹차군으로 나누어 사육시켰다. 그리고 16일 동안 약물해독 대사계, 항산화 방어계, 조직의 과산화적 손상 및 유전자 발현 변화 양상을 관찰하였다.

그 결과 녹차군은 전자파를 비추었음에도 불구하고 정상군과 차이가 없었고, 항산화계도 정상군과 비슷한 수준을 나타내었다. 또 간조직의 지질 과산화물의 함량은 녹차군이 증류수군에 비해 빠르게 정상 수준으로 회복되었다. 한편 SOD 유전자 발현은 녹차군이 증류수군보다 빨라, 녹차가 활성산소로부터 세포를 보호할 수 있는 가능성을 나타냈다.

## 체지방 축적 억제 및 다이어트 효과

녹차는 열량을 내는 성분이 거의 없는 저칼로리 음료이다. 녹차 추출물이 체지방의 흡수와 축적을 억제하는 것을 동물실험에서 확인하였다.

실제로 63일 동안 사료와 수돗물을 자유 섭식시킨 쥐들과 녹차 추출액을 자유 섭식시킨 쥐들을 통해서 체중 변화를 관찰하였다. 〈녹차 추출액의 체중 감소 효과〉를 나타낸 그래프를 보면(144p 참고) 실험을 시작한 후 30일을 경계로 녹차를 먹인 쥐들의 체중은 그렇지 않은 쥐들에 비해 감소하였고, 실험 마지막 날에는

17%의 체중 감소 효과가 있었다.

어떤 한국인 여행자가 미국의 유명한 게 요리점에서 겪었던 일화를 소개한다. 그 여행자는 그릇에 찻물 같은 것이 나오길래 그냥 마셔버렸다고 한다. 알고 보니 그 물은 게 요리를 먹느라 손에 묻은 지방 성분을 씻어내는 물이라고 하더라는 것이다.

중국에서는 차 찌꺼기를 모아 지방분이 묻은 식기를 닦는 데 사용하기도 한다.

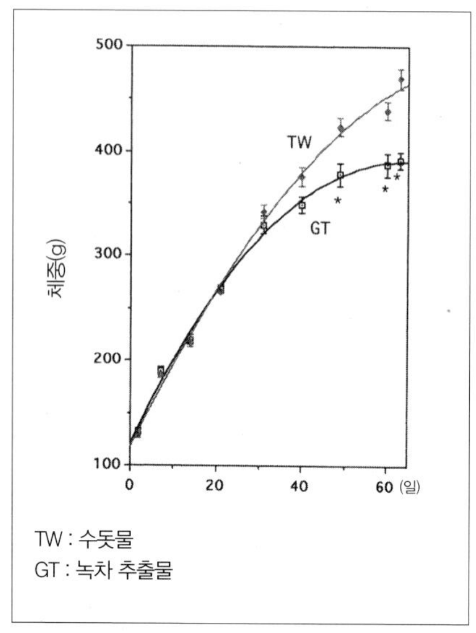

녹차 추출액의 체중 감소 효과

# 사례별로 본 녹차의 효능

## 임신기

임신기에는 식습관이 바뀌고 빈혈이나 임신중독의 우려가 있다. "차에는 카페인이 들어 있으므로 임산부는 차를 마시는 것을 자제해야 하지 않는가" 하는 질문을 많이 받는다. 그러나 실험 결과 임산부가 기호음료로서 하루에 커피 한두 잔 정도 마시는 것은 참는 것보다는 해롭지 않다는 연구 보고도 있다. 하물며 그 작용이 완만하게 진행되는 차 종류는 적당량 마셔도 좋다.

녹차는 임신 초기에 발생하는 입덧을 가라앉혀준다. 임신 중 여성 호르몬인 에스트로젠이 엽산을 소모시키는 것도 입덧의 한 원인이 되는데, 녹차가 그 엽산 성분을 보충해준다. 엽산은 끓는 물에 약간 녹아 나오지만 차의 분말을 그대로 이용하는 것이 효과적이다. 엽산은 비타민 $B_6$와 함께 경구피임약을 장기 복용하는 사람에게서 나타나는 여러 가지 부작용을 억제시키고, 생리 중의 여성에게 생리통을 줄여준다.

또 녹차는 무기질이 풍부하기 때문에 임신을 원하는 사람의 체질을 알칼리성으로 개선하는 데에도 도움을 준다.

임신했을 때 병원에서 빈혈 치료제인 철분제를 주면서 찻물로 마시지 말라고 주의를 듣는다. 차에 들어 있는 폴리페놀 성분이 철분과 결합하여 철분의 흡수를 저해한다는 이유에서다. 이 논리에 대한 과학적인 근거를 찾기 위해 쥐를 대상으로 녹차 및 홍차에 대해 한 실험이 있다. 실험 결과 홍차는 약간 철분 흡수에 영향을 미쳤고, 녹차는 거의 영향을 미치지 않았다고 한다. 그래도 빈혈 치료제를 복용할 때는 그냥 끓인 물을 사용하는 것이 무난할 것 같다.

## 영유아기와 학령기

1살 미만의 영아기의 경우 사용기한이 지난 녹차나 저급 녹차를 아기 목욕물에 사용하면 신생아의 태열이나 알레르기를 진정시키는 데에 효력이 있다고 한다. 영아기를 제외하고 초등학교 이전까지의 어린 시절을 유아기라고 하고 고등학교 시절까지를 학령기로 구분한다. 녹차에 들어 있는 플루오린(불소)과 카테킨의 효력 때문에 어린이의 충치

녹차를 목욕물에 넣어 신생아 태열에 사용

예방에 녹차가 도움이 된다.

일본의 한 초등학교에서는 점심식사가 끝나고 양치질을 한 후 가정에서 가져온 녹찻물로 입을 헹궈내 충치와 감기를 예방하게 한다. 녹차와 홍차에는 감기를 일으키는 인플루엔자에 대한 항균 효과가 있다.

녹차는 카테킨의 항균작용 때문에 갑작스런 배탈을 완화시킨다. 어린이들은 청량음료를 즐겨 마시는데 청량음료에는 칼슘과 작용하여 난용성 염을 만드는 인산염이 있어 뼈를 약하게 한다. 또한 칼슘은 정서를 안정시키는 역할도 있는데 청량음료를 많이 마시면 칼슘이 부족해져서 심리적으로 불안하고 신경질적으로 만든다. 그러나 녹차는 건강에 좋은 미네랄을 보충시켜준다. 학령기에 특히 바람직한 것은 녹차의 카페인이 완만하게 효력을 발휘해서 공부하는 데 집중력을 높여준다는 점이다.

## 젊은 여성

이 세상 모든 젊은 여성들이 가장 관심을 갖는 것은 깨끗하고 맑은 피부와 날씬한 몸매가 아니겠는가? 우선 녹차와 피부와의 관계를 보자.

녹차의 카테킨과 플라보노이드가 햇빛에 노출되어 생기는 유리기로 인한 손상에 대해 항산화 및 피부보호제로서의 역할을 하는 것이 동물실험을 통해 증명되었다. 또 녹차의 비타민 C가 멜라닌 색소의 생성을 억제하여 미백 효과가 있다는 것은 잘 알려진 사실이다.

시판되는 화장품에도 이미 녹차의 수용성 추출물이 이용되고 있고, 녹차 비누도 있다. 그리고 녹차는 당(糖)과 칼로리가 없을 뿐만 아니라 지방 축적을 억제하는 효능이 있기 때문에 다이어트 효과도 있다.

## 중년 주부

녹차는 혈중 콜레스테롤을 낮추고 노화를 방지한다. 녹차 카테킨이나 에피갈로카테킨갈레이트를 첨가한 콜레스테롤 함유식을 쥐에게 먹이면 혈장 총 콜레스테롤, 특히 몸에 나쁜 영향을 미치는 저밀도 콜레스테롤의 농도가 올라가는 것이 크게 억제된다고 하였다. 특히 차에 가장 많이 있는 카테킨류인 에피갈로카테킨갈레이트는 콜레스테롤이 장에서 흡수되는 것을 강하게 억제하였다.

내 · 외부적 요인에 의해 우리 몸 안에 생성되는 유리기 및 활성산소는 지방 중의 불포화 지방산을 산화시켜 과산화지질을 생성한다. 이 과산화지질은 조직에 축적시키거나 조직을 손상시켜 노화를 촉진시키는데, 녹차의 카테킨은 활성산소를 소거하는 강력한 작용을 하므로 노화를 예방한다.

## 중년 남성

녹차는 각종 성인병을 예방하고, 숙취를 해소하며, 담배의 독을 풀어주고, 스트레스를 완화시킨다. 성인병의 요인에는 여러 가지가 있겠지만 그 중에서 몸 안에 생성되는 유리기 및 활성산소가 끼치는 영향은 아주 크다. 그것들이 생성시킨 과산화지질이 노화나 동맥경화, 암, 뇌졸중, 심근경색, 위궤양 등을 유발시킨다.

음식물은 에너지를 얻기 위해 절대적으로 필요하지만 균형 있게 먹어야 하며, 발생한 활성산소를 중화시켜 해로움을 줄이는 지혜가 필요하다. 수소는 활성산소를 중화하는 강력한 물질이다. 그리고 녹차의 카테킨은 분자구조상 수소를 많이 가지고 있기 때문에 활성산소를 소거하는 강력한 작용이 있다. 따라서 녹차는 노화를 막고 각종 성인병을 예방하는 효과가 있다.

지나친 음주의 역효과는 술이 쉽게 깨지 않고 머리가 아픈 것이다. 차에 들어있는 카페인과 비타민 C 및 아미노산 등은 알코올 분해 효소의 작용을 상승시켜 알코올 분해를 촉진한다고 한다. 알코올이 몸에서 분해되면서 생기는 물질 중에 아세트알데하이드가 머리를 아프게 한다. 재미있는 사실은 차의 카테킨이 아세트알데하이드와 결합하여 그 작용을 못하게 한다는 것이다. 숙취 해소에 감이 좋은 것과 같은 원리이다.

한편 담배를 피우는 사람은 일반인의 비타민 C 하루 요구량보다 40% 이상이나 더 필요하다고 한다. 그런 사람은 녹차를 마심으로써 비타민 C를 보충할 수 있다. 실제로 역학조사나 여러 가지 실험에서 녹차를 마시면 담배에 의한 폐암 발생이나 돌연변이 현상을 감소시킬 수 있다는 것이 증명되었다.

## 노년기

녹차는 치매를 예방하고 노인 특유의 입냄새를 없애준다. 알츠하이머형 치매는 노년기에 접어들면서 발병되는 진행성 기억장애와 지능 저하를 가져다주는 뇌변성 질환이다. 가즈오(Kazuo)라는 사람은 쥐를 이용한 실험에서 녹차의 카테킨이 알츠하이머의 원인물질로 생각되는 베타 아밀로이드의 독성을 억제한다고 하였다.

녹차의 몇몇 성분 중 특히 카테킨이나 플라보노이드 성분이 입냄새나 마늘 냄새를 제거한다. 그러나 특정한 어떤 한 가지의 성분보다는 이들 성분들이 종합된 것이 효과가 높으므로 녹차 추출물을 이용하는 것이 효과적이라고 한다.

# 차의 종류별 효능

녹차, 홍차, 우롱차는 차나무의 어린잎에서 만들어진다는 공통점을 가지고 있다. 따라서 그 성분에 있어서도 동일한 성분이 많으며, 동일한 성분에 의한 효능은 일치할 것이다. 예를 들면 전염병 병원균인 티프스균과 콜레라균, 설사의 원인이 되는 세균류, 장염 비브리오균 등에 대한 항균작용은 녹차와 홍차 모두가 동일한 효과를 나타낸다.

그러나 차나무는 품종이 여러 가지이고 제조공정이 달라 발효를 거치기도 하고 그 정도에도 차이가 있다. 이 때문에 차의 성분이 차이가 있는데, 성분의 차이는 향미뿐만 아니라 효능 면에서도 차이를 가져온다. 여기서는 차의 종류에 따라서 다른 몇 가지 효능에 대해 언급하고자 한다.

## 녹차

노화를 방지하는 항산화작용은 홍차나 우롱차보다 녹차의 효력이 강하다. 카테킨의 구조에서 수산기(OH기)를 많이 보유하고 있는 것이 항산화력이 강한데, 수산기가 3개인 녹차의 에피갈로카테킨이나 에피갈로카테킨갈레이트 성분이 홍차의 테아플라빈 성분보다 월등하게 효과적이다. 같은 녹차라도 햇차보다 여름 녹차가 에피갈로카테킨이나 에피갈로카테킨갈레이트가 많이 들어 있어서 효과적이다.

뇌경색이나 심근경색은 혈액 중의 혈소판이 응고하여 혈전으로 되고, 이것이 혈관을 막아 혈액이 원활하게 흐르지 못해서 나타나는 현상이다. 혈소판 응집을 억제하는 효과 또는 혈전 형성을 예방하는 효과는 차의 성분 중 카테킨의 함량이 많을수록 높아지므로 증제녹차가 가장 효과적이다. 이와 같은 원리로 항종양이나 항암작용도 녹차가 가장 효과적이다. 비타민 C와 관계되는 효능도 녹차가 낫다.

## 홍차

플루오린(불소)은 충치 예방에 효과적이다. 플루오린(불소)이 아닌 다른 작용에 의한 충치균 억제에는 홍차가 가장 효력이 있다. 충치균이 분비하는 글루코실트란스퍼레이스가 설탕에 작용하여 불용성 글루칸을 생성하고 치석(齒石) 형성을 유발시킨다.

차는 충치균에 대해 살균 효과가 있을 뿐 아니라 글루코실트란스퍼레이스를 합성하는 효소의 활성을 저해함으로써 치석이 생기는 것을 억제한다. 그 저해 효과는 홍차, 우롱차, 녹차의 순으로 크다.

혈당 강하작용과 항당뇨병작용 또한 홍차가 가장 효력이 있다. 차가 혈당을 낮추는 원리는 차의 카테킨류가 전분을 포도당으로 분해하는 효소인 아밀레이스의 작용을 억제하여 혈당치와 인슐린의 농도 상승을 저해시키는 데 있다.

홍차의 테아플라빈 성분은 녹차의 카테킨 성분 중 혈당 강하에 효력이 있는 에피카테킨갈레이트나 에피갈로카테킨갈레이트보다 150배~250배 강한 혈당강하 효력을 가진다. 또한 테아플라빈과 테아루비긴은 쥐 실험을 한 결과 강한 유전자 돌연변이 억제 효과를 가지고 있었다.

## 우롱차

녹차 추출액과 차의 카테킨류는 화분병이나 천식 등의 알레르기 증상을 억제한다고 보고되었다. 일본의 메나드 화장품연구소와 후지다 보건위생대학에서는 녹차나 홍차보다 우롱차가 알레르기 억제에 효과가 강하며, 차나무의 잎보다는 줄기 쪽이 효과가 높다는 실험 결과를 발표했다.

알레르기는 히스타민이 몸에서 방출되었을 때 많이 발생한다. 위의 연구팀은 차나무 줄기에 포함된 어떤 카테킨류가 히스타민의 방출을 억제하는 효과를 가지고 있을 것으로 예상했다.

## 고혈압 방지 녹차와 수험대책 녹차

### 고혈압 방지 녹차

찻잎을 혐기처리(산소를 없애고 일정 시간 동안 질소 중에 두는 것)하면 찻잎 중의 감칠맛 성분인 글루탐산이 감마아미노낙산으로 축적된다. 이 성분은 동물 및 사람의 혈압을 떨어뜨린다는 것이 증명되었는데 약자인 가바(GABA)를 따서 가바차라 한다.

임상실험에서 본태성 고혈압 환자에게 3g짜리 티백을 매일 세 번 복용시키니 석 달 후에는 평균 혈압으로 떨어졌다. 그러나 이 차의 단점은 차를 마실 때는 혈압이 떨어지나 마시지 않으면 혈압이 다시 원래대로 돌아가는 것이다.

### 수험대책 녹차

차의 카페인은 중추신경에 작용하여 정신운동신경을 흥분시키므로 몸은 가뿐하게 하고, 피로를 가시게 하고, 내구력을 증대시킨다. 쥐를 훈련시켜 미로를 찾아가는 실험에서 녹차를 마시게 한 쥐가 목적지를 월등하게 빨리 찾아갔다. 이 실험 결과에 의해 연구자는 학습에서 얻어지는 기억력과 판단력, 사고력을 향상시키는 능력을 차의 카페인에서 찾았다. 또 앞서 설명한 감마아미노낙산 성분은 신경과민이나 경련을 저지하는 약효가 있다.

8장

# 차 마시기와 다양하게 즐기는 방법

일반적으로 녹차는 물의 온도를 70~80℃로 식힌 후 다관에 부어 2~3분 동안 우려낸다. 녹차는 재탕, 옥로차는 3탕까지 하여도 제맛을 느끼며 마실 수 있다. 차를 마실 때는 왼손바닥에 찻잔을 얹고 오른손은 찻잔을 감싸듯이 든다. 눈으로 빛깔을 보고 한 모금을 마시고, 코로 향을 맡으며 한 모금 마신다. 또 혀로 맛보듯이 여유 있게 천천히 마신다.

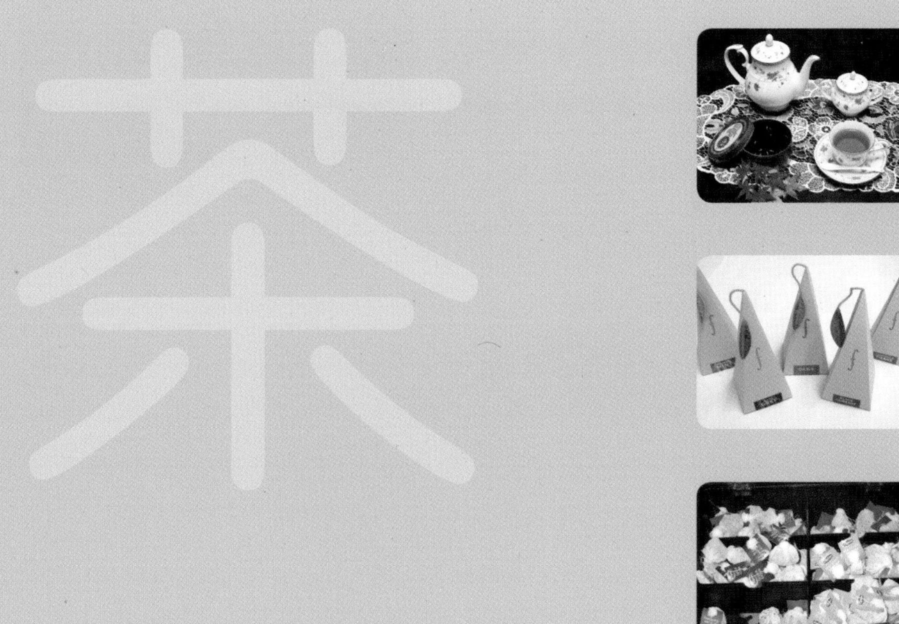

# 녹차 · 홍차 · 우롱차 마시는 방법

차 하면 다도가 떠오른다. 하지만 다도(茶道)란 어쩐지 절차가 번거로운 것 같아 차생활에 선뜻 들어선다는 것이 어렵다는 느낌이 든다. 우선 차를 쉽게 접하는 방법을 택해서 생활화해보자.

금강사 차밭골 축제

## 녹차

### 물 끓이는 법

옛날부터 좋은 물을 사용해야 차의 맛이 좋다고 했다. 그러나 보통의 가정에서는 수돗물이나 생수(지하수)를 사용하는 경우가 많다. 수돗물의 경우 지나치게 끓여 탄산가스가 빠져나간 것은 좋지 않다. 수돗물을 받아서 하룻밤 지난 후 센

불로 끓이는데 이때 주전자 뚜껑을 잠시 열어 소독제인 염소 등을 제거하는 것이 좋다. 지하수인 경우 철분 등 무기질이 너무 많으면 찻물로는 좋지 않다.

녹차를 우릴 때 고급 녹차일수록 물의 온도를 낮게 해준다. 그 이유는 녹차의 좋은 향기 성분에는 비교적 저비점의 휘발성 성분이 많기 때문이다. 또 높은 온도에서는 쓴맛을 내는 카페인과 떫은맛을 내는 유리형 카테킨이 용출하기 쉽기 때문이다. 그리고 감칠맛을 내는 아미노산들은 비교적 낮은 온도에서도 우러나기 쉽다.

### 차의 양과 물의 양

차를 진하게 우려먹느냐, 아니면 연하게 우려먹느냐 하는 것은 개인적인 기호의 차이이다. 일반적으로 한 사람 분량의 차의 양은 약 2~3g이 적당하다. 따라서 3인 분량이면 약 5~8g, 5인 분량이면 약 10g(티스푼으로 4스푼 정도)이 알맞다. 옥로의 경우는 5인 분량일 때 차의 양을 약 15g으로 해서 조금 많이 사용하는 대신에 물의 양을 적게 한다. 이처럼 고급 차일 때는 물의 양을 조금 적게 사용하고, 보통의 차는 그보다 많이 사용한다.

### 차를 우려내는 물의 온도와 시간

옥로의 경우는 차의 양을 조금 많이 사용하는 대신에 물의 온도는 60℃ 정도로 식히고 물의 양을 적게 하여 3분 동안 우려낸다. 하급 녹차를 제외한 보통의

녹차 우리기(이순애 소장품)

녹차는 물의 온도를 70~80℃로 식혀서 다관에 부어 2~3분 동안 우려낸다. 하급 녹차나 현미녹차는 식힌 물보다는 열탕을 사용하는 것이 좋다. 일반적으로 녹차는 재탕, 옥로는 3탕까지 하여도 제 맛을 느끼며 마실 수 있다.

## 차를 우려내는 방법과 마시는 요령

**• 혼자서 마실 때**

① 차 거름망과 뚜껑이 있는 1인용 찻잔을 준비한다.

② 물을 끓인 후 약 70~80℃로 식혀서 찻잔에 붓는다.

③ 찻잎을 넣고 찻잔 뚜껑을 닫은 후 2분가량 기다린다.

④ 뚜껑을 열고 차 거름망을 건져내어 뚜껑 위에 놓는다.

⑤ 차를 마신다.

**• 여러 명이 차를 마실 때**

① 5인용 다기세트와 끓인 물을 준비한다.

② 물을 약 70~80℃로 식힌다.

③ 적당량의 차(5인분 10g)를 다관에 넣고 식힌 물을 붓는다.

④ 2분가량 지난 뒤 각 찻잔에 따른다. 이때 각 찻물의 농도가 일정하도록 각 찻잔에 돌려가며 2~3회씩 나눠 따른다.

⑤ 다관에 있는 찻물을 모두 따라서 재탕에 영향을 주지 않도록 한다.

⑥ 재탕은 두세 번 정도 한다. 재탕을 할 때마다 30초씩 더 길게 우려낸다. 만약 재탕을 할 때 새로운 차를 추가로 넣으면 남아 있는 차 찌꺼기에 향이 흡수되어 맛이 나빠진다.

⑦ 차를 마신다.

차를 마실 때는 왼손바닥에 찻잔을 얹고 오른손은 찻잔을 감싸듯이 든다. 눈으로 빛깔을 보고 한 모금 마시고, 코로 향을 맡으며 한 모금 마신다. 혀로 맛보듯이 여유 있게 천천히 마신다.

### 다식(茶食)

다식은 차를 마실 때 곁들여 나오는 것으로 고려시대 때부터 전해내려온 병과(餠菓)이다. 우리나라에서 전통적으로 사용한 것은 송화(松花)가루를 이용한 송화다식이다. 그 외에 밤, 콩과 깨, 녹두가루 등을 이용하거나 찹쌀녹말에 색깔을 들여 예쁜 다식판에 찍어 만들었다.

다식판은 물고기, 꽃, 새, 나뭇잎 등의 형태로 판을 깎아서 병과를 만들어내는 도구이다. 귀한 손님이 오면 송화가루를 꿀에 버무린 후 다식판에 찍어내면 모양과 색깔이 아름다워 다담상을 한결 운치 있게 만들어줄 것이다. 요즘에는 북한산 송화가루가 많이 들어오므로 시중에서 구입할 수 있다.

## 홍차

홍차의 경우는 서양식 다관이나 찻잔을 사용하는데, 홍차용 찻잔은 커피잔보다 높이가 약간 낮고 잔의 둘레가 넓다. 티 머그컵은 입술 닿는 부분이 얇으므로 마시기 편리하다. 홍차용 다관을 사용하더라도 서양식 차 거름망인 스트레이너(strainer)를 사용하면 차를 깨끗하게 거를 수 있다. 손님의 수가 적거나 혼자서 마실 때는 드립(drip)이나 인퓨저(infuser)를 사용하면 편리하다.

드립을 사용할 때는 차를 먼저 넣고 끓인 물을 넣은 다음 찻잎이 퍼지면 손잡이를 천천히 눌러 홍차가 우러나면 찻잔에 따른다. 인퓨저는 용기 안에 찻잎을 담아서 찻잔이나 다관에 직접 담갔다가 꺼내는 편리한 도구이다.

홍차 우리기(이순애 소장품)

홍차를 마실 때는 유리포트와 찻잔, 다관을 준비한다. 열탕(95~99℃)으로 데운 유리포트 안에 찻잎을 넣는다. 차 1잔에 1찻숟갈의 차를 넣고 끓인 물을 넣는다. 뚜껑을 닫고 잠시 기다린 후 차가 우러나면 뚜껑을 열어 스푼으로 찻잎을 한 번 약하게 저어준다.

차 거름망을 사용하여 뜨거울 때 따뜻하게 데운 다관에 차를 붓는다. 이렇게 걸러진 홍차를 찻잔에 고르게 따른다. 각 찻잔에 농도가 균등하게 되도록 처음에는 1/3씩, 1/2씩 돌아가며 따르면서 찻잔의 8할 정도가 채워지도록 한다. 기호에 따라 크림이나 설탕, 레몬 등을 첨가한다. 첫 번째 우린 것은 스트레이트로 마시고, 두 번째부터는 밀크 티로 마시는 것도 권장할 만하다.

홍차는 녹차와는 달리 100℃에 가까운 열탕을 사용해도 된다. 홍차의 향기 성분에는 중비점~고비점의 화합물이 많아 홍차 특유의 향기를 즐기기 위해서는 높은 온도의 물이 필요하기 때문이다. 또한 떫은맛 성분인 카테킨류가 중합된 상태이므로 고온에서도 떫은맛이 많이 우러나지는 않는다.

**• 티백을 사용하여 홍차를 맛있게 끓이는 방법**

① 찻잔을 따뜻하게 데운다.

② 1개의 티백(보통 2g)을 사용한다.

③ 끓인 물을 붓는다.

④ 찻잔받침 등으로 찻잔을 덮은 후 잠시 기다린다.

⑤ 조용히 티백을 잡아당겨 건진다. 찻잔에 물을 부은 후 티백을 이리저리 흔들면서 우려내면 맛이 없다.

**• 맛있는 홍차를 만드는 영국식 비법**

① 양질의 찻잎을 사용한다(마시는 사람의 기호에 맞는 차를 선택한다).

② 티 포트를 따뜻하게 한다(티 포트의 재질이나 형을 참고하여 따뜻하게 한다).

③ 찻잎의 분량을 측정한다(기본은 차 한 잔에 대해 1티스푼의 차를 미세한 차는 보통으로 채우고, 잎이 큰 차는 가득 채운다).

④ 적당히 끓인 물을 사용한다(동전 크기의 거품이 나올 정도로 끓이는 것이 좋다).

⑤ 찻잎이 우러날 시간을 준다(미세한 차는 2~3분, 큰 잎은 3~4분).

## 우롱차

우롱차를 자주 마시지 않을 때는 녹차 다구를 이용해도 무관하나, 우롱차를 본격적으로 즐기기 위해서는 우롱차용 다기세트를 갖추는 것이 좋다. 우롱차용의 다관과 찻잔 등은 매우 작아서 다기를 뜨거운 물로 데우고 몇 번이나 우려 마실 수 있다.

우롱차를 간편하게 즐기는 방법은 90℃ 이상의 뜨거운 물을 사용하여 3~5분 동안 우려낸 다음 마시는 것이다. 우롱차는 조금씩 자주 따라 마셔야 식지 않아 맛있는 차를 즐길 수 있다.

그 이유는 우롱차의 향기 성분은 비교적 고비점의 것이 많기 때문이다. 또한 우롱차에는 떫은맛 성분인 카테킨류가 녹차의 1/2~1/3 정도로 적고, 그나마도 큰 분자량의 혼합물로 변하여 높은 온도에서도 떫은맛이 별로 우러나지 않기 때문이다.

### 茶 여러 가지 차를 혼자 마시는 방법

| 차의 종류 | 1인 분량 | 차 헹구기 | 초탕 | 재탕 | 삼탕 | 사탕 |
|---|---|---|---|---|---|---|
| 녹차(중급) | 2~5g | 필요 없음 | 1~2분 | 1~2분 | 1~2분 | 1~2분 |
| 우롱차 | 3~7g | 필요 없음 | 30초 | 1분 | 2분 | 3분 |
| 보이차 | 3~5g | 필요함 | 1~2분 | 1~2분 | 1~2분 | 1~2분 |
| 기문홍차 | 3~7g | 필요 없음 | 2~3분 | – | – | – |

※ 물의 양은 모두 80~130cc가 적당하다.
※ 물의 온도는 녹차의 경우 70~80℃가 좋고, 그 밖의 차는 뜨거운 열탕이면 좋다.

## 우리나라의 전통 생활다례

### 우리나라의 전통 생활다례

① 먼저 끓인 물을 물식힘 사발에 붓고 물식힘 사발의 열탕은 다관에 부어 찻잔마다 옮겨가며 따른다(다관과 찻잔에 뜨거운 물을 먼저 붓는 것은 찻잔을 따뜻하게 하고 청결하게 하기 위함이다).

② 찻잔의 물을 두 번 정도 돌려 가시어 물버림 사발에 버린다.

③ 열탕을 다시 물식힘 사발에 떠놓고 식혀, 차를 넣은 다관에 붓는다.

④ 차를 알맞게 우려냈을 때 다관을 들어 찻잔에 따른다.

### 차를 넣는 법(投茶法)

① 상투법(上投法) : 여름에 사용한다. 물을 붓고 차를 그 다음에 넣는다.

② 중투법(中投法) : 봄, 가을에 사용한다. 물을 반쯤 붓고 차를 넣은 다음 물을 붓는다.

③ 하투법(下投法) : 겨울에 사용한다. 차를 넣고 물을 붓는다.

※ 자료 : 《한국차문화학》, 정상구

우롱차 우리기(이순애 소장품)

우롱차 따르기(이순애 소장품)

# 여러 가지 차 취향에 맞게 블렌딩하기

고급차는 가격이 비쌀뿐더러 구하기 어려울 때도 있다. 중급 차나 하급 차 또는 오래된 차를 이용할 때 여러 가지 차를 블렌딩하여 마시면 향미가 보충되어 맛있는 차를 마실 수 있다.

여러 가지 차를 블렌딩하여 마시는 방법을 몇 가지 소개하면 다음과 같다.

- 오래된 녹차에 실론 홍차를 조금 넣어 블렌딩하면 향미가 좋아진다.
- 오래된 홍차에 포종차나 우롱차를 블렌딩하면 꽃향기와 과일 향기가 추가되어 향미가 좋아진다.
- 중급의 다즐링 홍차와 실론 홍차를 블렌딩하면 향미가 증가된다.
- 곰팡이 냄새가 나는 보이차에 재스민차를 블렌딩하면 냄새가 나지 않는다.

# 홍차 다양하게 즐기기

## 밀크 티

밀크 티는 영국인들이 즐겨 마신다. 로얄 밀크 티를 만드는 방법은 우유와 물을 1:1의 비율로 섞어 가열한 후, 끓기 직전에 찻잎을 넣고 불을 끄고 우려낸다.

가정에서 간단하게 밀크 티를 만드는 방법은 다음과 같다.

① 신선한 우유를 준비한다(냉장고에 들어 있는 것은 내어놓는다).

② 찻잔에 뜨거운 물을 넣어 헹궈내면 찻잔이 데워진다.

③ 찻잎을 다관에 넣는다.

④ 다관에 뜨거운 물을 부어 3~4분에 걸쳐 진하게 우린다.

⑤ 큰 스푼으로 1스푼 정도의 우유를 넣는다.

⑥ 설탕을 적당히 넣어 마셔도 된다.

밀크 티를 응용해서 즐기는 방법도 여러 가지가 있다. 찻잎과 함께 시나몬 스틱(계피)을 넣어 우리기도 하고, 스푼 대신에 계피를 잔에 내어 밀크 티를 젓기도 한다. 또한 바나나를 3~4mm 두께로 잘라 찻잎과 함께 우리고 차에도 바나나 1~2조각을 넣어도 된다. 그리고 아몬드, 땅콩, 호도 등을 찻잎과 함께 넣어 우려내도 좋다.

## 레몬 티

세계적으로 자연의 향기가 그윽한 좋은 홍차를 맛볼 수 있는 곳은 한정되어 있다. 그래서 수입에 의존하는 나라의 사람들은 레몬 향을 첨가하는 것을 생각해냈다. 레몬을 첨가하면 홍차의 맛이 부드럽게 되고 찻물색도 약간 밝아진다.

레몬 티를 만드는 방법은 다음과 같다.

① 레몬 티를 만들 때는 독특한 향을 가지지 않는 딤불라, 닐기리, 케냐산 홍차를 선택한다.

② 떫은맛이 나오지 않도록 2~3분 동안만 우려낸다.

③ 얇게 썬 레몬 조각을 먹기 직전에 넣는다.

④ 가볍게 저은 후 레몬을 꺼낸다.

## 아이스티

1904년 미국의 미주리주 센트루이스에서 열린 박람회에서 인도 홍차의 보급을 위해 인도차 전시관이 열렸다. 그런데 그때가 여름철이어서 누구도 뜨거운 홍차를 마시는 사람이 없었다. 그때 영국인 책임자가 얼음을 부수어 찻잔에 넣고 홍차를 부어 제공했다. 그랬더니 모든 사람이 이 차가운 음료를 좋아해서 인기를 끌었다. 이것이 아이스티의 시작이다. 미국인들은 계절을 상관하지 않고 아이스티를 즐긴다.

아이스티를 만드는 방법은 다음과 같다.

① 보통 홍차를 우리는 농도보다 2배의 농도로 우린다. 이때 차의 양을 2배로 하는 것이 아니라 열탕을 반으로 한다.
② 2배의 농도로 우린 뜨거운 차를 차 거름망을 통하여 다른 포트로 옮긴다.
③ 얼음을 유리잔에 담고 뜨거운 차를 부어 급격히 식힌다. 급격히 식히면 맛이나 향이 도망가지 않아 맛있는 차를 만들 수 있다.

## 알코올 티

술을 사용한 차이다. 자기가 좋아하는 술을 얼마나 넣어야 좋은지 알아내는 것이 중요하다. 주로 애프터디너 홍차를 마실 때 술을 넣는다.

홍차 세팅

### 위스키 티(whiskey tea)

따뜻하게 데운 잔에 원하는 분량의 위스키를 넣는다. 위로부터 포트에 우려낸 티를 부으면 위스키의 향이 퍼진다. 원한다면 설탕을 넣어도 된다. 위스키 대신에 브랜디를 넣어도 좋다.

### 럼 티(rum tea)

따뜻하게 데운 잔에 굵은 설탕과 럼주를 넣고 포트에 우려낸 티를 넣는다. 그 위에 생크림을 얹어도 좋다. 럼주는 브랜디나 위스키만큼 향이 강하지는 않으므로 홍차의 향기와 잘 어울린다. 생크림 대신에 레몬을 넣으면 럼 레몬 티가 된다.

## 과일 티

홍차와 잘 어울리는 과일을 사용하여 과일 홍차를 만들어본다. 사과, 키위, 오렌지, 딸기 등 제철에 나는 과일을 사용하여 달콤한 향을 즐긴다. 과일의 향을 살릴 수 있도록 떫은맛이 가벼운 홍차를 선택한다.

**애플 티**(apple tea)

사과의 껍질을 벗기지 말고 얇게 잘라서 2~3조각을 찻잎과 같이 포트에 넣어 우려낸다. 잔에 새로운 사과 1~2조각과 소량의 포도주를 넣고 위로부터 홍차를 따른다.

**포트 과일 티**(pot fruits tea)

포트 안에 차와 여러 가지 종류의 과일을 넣고 위로부터 포트 티를 넣는다. 이것을 따라 마신다. 오렌지, 사과, 레몬, 키위 등을 사용하면 홍차의 향과 과일의 신맛과 단맛이 잘 조화된다. 여름에 유리로 된 티 포트와 찻잔을 사용하면 시원해 보이고 아름답다.

## 홍차에 어울리는 것은 레몬인가, 밀크인가?

홍차를 주문하면 레몬 한 조각이 따라 나오는 풍습이 있다. 어쩐지 멋있다는 생각이 든다. 하지만 세계의 홍차 명산지인 스리랑카나 인도의 다즐링 지방에서는 홍차에 아무것도 넣지 않는다. 넣는다고 하더라도 레몬보다는 밀크가 일반화되어 있다. 세계에서 홍차를 가장 많이 애용하는 영국인들도 레몬은 별로 사용하지 않는다.

차나무는 아열대 지방에서 자라는 식물이어서 추운 지방에서는 향이 좋은 차가 생산되지 않는다. 그래서 추운 지방에 사는 사람들은 수입품에 의존하다 보니까 하급 홍차를 맛있게 즐기기 위해 레몬이 필요하게 된 것이라고 한다. 홍차의 수많은 향기 성분 중에는 레몬향의 주성분과 동일한 것도 있다. 이것이 향이 좋지 않은 홍차에 레몬이 어울린다는 과학적인 근거가 된다.

레몬을 넣으면 떫은맛이 약간 줄고, 홍차의 맛이 전체적으로 부드러워지는 효과가 있으며, 홍차 특유의 적갈색이 밝아진다.

우유를 넣는 것은 어떨까? 홍차에 우유를 첨가하면 우유의 단백질과 홍차의 탄닌이 결합하여 불용성 물질이 된다. 그래서 우유는 홍차의 떫은맛을 제거해주며 탄닌에 의해 위의 자극을 감소시켜 위도 보호해준다.

# 차를 마시지 않고 먹는 방법

차를 한 번 우리면 10~13%, 두 번 우리면 7~10%, 세 번 우리면 5~7%의 성분이 우러나와 녹차 성분 중 30~40%의 성분만 섭취하게 된다.

찻잎을 가루로 내거나 그대로 식용하면 물에 녹지 않는 불용성 카테킨류 및 지용성 비타민, 엽록소, 물에 덜 우러나고 찻잎에 남아 있는 비타민 C 등을 섭취할 수 있다. 다시 말하면, 우리고 난 후 차 찌꺼기로 버려지는 식이섬유를 포함한 60~70%의 불용성 성 분도 섭취할 수 있어 녹차의 약리 효과를 더욱 높여준다.

최근에는 차를 마시는 것뿐만 아니라 먹는 것으로도 생활화되고 있다. 중국이나 일본, 대만에서는 예부터 찻잎을 요리에 많이 응용해왔다. 여기서는 녹차나 녹차가루를 요리 등에 이용하여 먹는 것에 대하여 예부터 전해 내려오는 방법 및 최근에 활용되고 있는 사례들을 살펴보기로 하겠다.

## 담근차(발효차)

중국의 운남성, 태국, 미얀마 등에 걸쳐 살고 있는 소수민족 중 태족(泰族)은 담근차(발효차)를 만들어 씹는 차의 형태로 즐긴다. 태국 북부의 원주민들이 이 차를 먹은 것은 약 500년 전부터라고 하는데, 찻잎을 열처리한 후 혐기성 상태(산소가 없는 상태)에서 박테리아에 의해 발효시켜 이용한다.

담근차를 태국이나 라오스에서는 '미엥(miang)'이라고 하고, 미얀마에서는 '라페소우(laphet-so)'라고 한다. 미엥은 찻잎을 따서 약 2시간 동안 찐 후 대나무발에 1~2시간 말려 만든다. 말리는 과정만 거친 것은 산차(散茶, harsh miang)라고 하는데, 시장에서는 300g 정도로 묶은 것이 유통되며 값이 매우 싸다.

더 강한 맛과 향기를 내기 위해 몇 달 동안 발효시킨 것을 '발효 담근차(fermented miang)'라고 한다. 옛날에는 나무통 혹은 대나무통에 넣어 발효시켰으나 최근에는 단지나 시멘트통을 이용한다. 다발로 묶은 찐 차를 통에 15~16층으로 담고, 나뭇잎을 덮은 후 깨끗한 물로 채워 플라스틱판으로 다시 덮고, 돌로 눌러 주어서 몇 달 동안 발효시킨다. 발효되는 동안에도 건조되지 않도록 때때로 물을 뿌려준다. 발효 담근차는 수분이 많은 상태에서 주로 유산균과 초산균 등에 의해 발효되어 담근차 특유의 새콤달콤한 독특한 향이 생긴다.

태국 북부 사람들은 예부터 미엥을 하루에 3~6번 씹어 왔다. 심심할 때나 담배를 피고 난 후에 주로 씹는다. 미엥을 씹으면 입 안이 산뜻해져 기분이 상쾌해진다고 한다. 보통은 볶은 땅콩이나 말린 새우, 레몬 등과 같이 즐겨 먹으며 마치 스낵처럼 이용한다. 마늘 등 다른 식품과 섞어 부식으로 사용하기도 하고 암염(岩鹽)으로 맛을 내어 먹기도 한다.

미엥과 유사한 담근차는 일본에도 있는데 도쿠시마 현에서 제조되는 아와반차(awaban-cha)이다. 아와반차는 재래종 차나무의 여름잎을 따서 솥에 넣어 삶고, 이것을 가볍게 유념하여 나무통에 담아 돌로 눌러 저장해서 만든다. 5~10일 후면 특유의 새콤달콤한 향이 생성된다. 나무통에서 꺼낸 차를 헤쳐서 햇볕에 건조한다. 하루 동안 건조시킨 것이 품질이 우수하고 향기도 좋다고 한다. 중국의 수안차(suan-cha)도 담근차인데 긴 대나무통에서 발효시킨다.

## 차를 이용한 요리

담근차 외에도 중국과 일본 등지에서는 예부터 식생활에 차를 많이 이용하였다. 중국에서는 전통요리에 녹차를 많이 이용했는데, 특히 새우, 닭, 생선, 육류 요리에 녹차를 사용하면 생선 및 육류의 좋지 않은 냄새도 없애준다. 그리고 녹차의 산뜻한 색깔과 풍미가 조화되어 요리를 한층 돋보이게 한다.

일본에도 차를 이용한 요리가 있는데, 예부터 내려오는 가가와 현의 보테차(bote-cha)는 찻잎이 두터워진 여름차인 번차(番茶)를 이용한다. 찻잎을 대접에 넣어 거품솔을 사용하여 거품을 내고, 그 위에 볶은 보리를 얹어 먹는다.

일반적인 차 요리법은 찻물을 이용해 차 밥이나 차 죽 등을 만들어 먹는 것이다. 또는 일본식 수프에 차의 분말을 이용하기도 하고, 생찻잎으로 나물이나 튀김을 만들어 먹는다.

국산 유기농 말차(하나상사)

차로 우려 마신 찻잎을 이용한 요리도 있다. 우리나라에서도 차의 산지를 중심으로 우전, 세작 등의 햇차는 우려 마신 후 죽염 등으로 버무려 나물이나 튀김을 만들기도 한다. 그 밖에 찻잎은 돼지고기나 생선 등의 냄새를 제거하기 위해 이용되기도 한다.

### 차를 이용한 과자류 및 기타 제품

몇 년 전 일본에서 열렸던 녹차 심포지엄에 갔을 때 녹차가 든 일본빵(녹차만

말차 칼국수

주)을 맛있게 먹은 기억이 있다. 돌아올 때는 선물로 여러 종류의 차 사탕을 가지고 와서 인기를 끌었다. 끈적끈적하지 않고 맛이 산뜻하였다. 녹차 사탕은 국내에서도 생산되어 시판되고 있다.

일본, 중국, 대만 등지에서는 녹차를 이용한 다양한 제품들이 많은데 최근 우리나라에서 활용되고 있다. 녹차가루를 이용하여 아이스크림, 케이크, 빵, 쿠키, 사탕, 젤리, 추잉검, 국수, 라면 등을 만들고 있다.

밥에 다른 건조식품과 섞어서 뿌려 먹는 것도 있고, 차와 볶은 곡류를 섞은 것을 밥에 넣고 물을 넣어 먹는 오차츠케(お茶つけ)도 매우 유명하다. 가정에서 차 분말을 만들어놓고 드레싱을 비롯한 여러 요리에 이용하면 편리하다.

말차 화전

우리나라에서도 요리에 조미료처럼 이용할 수 있는 차분말 제품이 판매되고 있다. 차분말은 티오레, 차 죽, 차 수프 및 차 수제비 등에 첨가함으로써 가정에서도 손쉽게 이용할 수 있다. 뜨거운 물만 부으면 인스턴트 커피처럼 녹차분말까지 거부감 없이 마실 수 있는 차 제품도 있다.

유자병차(한밭제다)

녹차를 이용해 만든 막걸리와 청주

하동 녹차 오곡현미죽

하동 녹차라떼

하동 녹차 청국장볼

**9장**

# 차와 다구 고르기

차를 고를 때는 포장을 뜯어서 볼 수 있는 경우 우선 향을 맡아서 녹차 이외의 다른 냄새가 나지 않는지를 살펴본다. 오래된 차는 지방이 분해된 냄새가 난다. 찻잎의 크기가 균일하며, 색깔이 산뜻한 짙은 녹색으로 광택이 나는 것이 좋은 차이다. 차를 우려서 마셔 보고 구입할 수 있을 때는 찻물에 뜨는 부유물이나 가라앉는 찌꺼기가 적을수록 좋다.

# 차와 다구 고르기

## 녹차

포장이 되어 있어 외관이나 향미를 확인할 수 없을 때는 제조연월일, 제조방법(덖음차, 증제차), 산지(제주도, 보성, 화개 등), 가격 등을 고려해서 고른다.

녹차의 유효기간은 통상 제조일로부터 1~2년으로 되어 있다. 제조방법은 포장에 적혀 있는데 덖음차는 구수한 맛이 강하고, 증제차는 산뜻한 맛이 강하다. 처음 녹차를 접하는 사람이나 어린이는 현미녹차가 무난할 것이다. 현미녹차가 없을 때는 녹차에 볶은 현미를 적당량 배합하면 된다.

대기업에서는 덖음차와 증제차 및 발효차 등을 생산한다. 예외가 있긴 해도 차를 담은 캔의 색깔이 증제차는 초록색이고 덖음차는 갈색이 많다. 찬물에도 쉽게 우러나고 떫은맛이 적은 여름용 냉녹차도 있다. 젊은이들의 취향에 맞게 꽃이나 과일 향을 블렌딩한 차류들이 많이 생산되고 있다.

광주나 보성 등 전라남도 지역의 녹차는 대개 수확시기에 따른 명칭인 우전,

세작 등과 같은 이름으로 판매하는데, 제다원에 따라 각각 다른 이름을 붙여 판매하기도 한다. 같은 등급의 차라도 오동나무곽으로 포장한 것은 캔에 담은 것보다 가격이 다소 비싸다. 은박지(알루미늄 포일)만으로 포장한 것은 더 싸다. 이전에는 현미녹차는 중작 이상을 주로 사용하기 때문에 비교적 값이 저렴하였지만, 최근에는 현미녹차용에 사용되는 녹차류도 고급 녹차를 사용하는 경우도 있다.

화개 지역에서도 최근 전 공정을 기계작업으로 하는 회사도 있으며, 약간의 기계작업과 수작업을 병행한 덖음차가 주로 생산된다. 옥로와 같은 특수한 차나 수확시기가 빠른 햇차는 가격이 비싸며, 수확시기가 늦은 것은 품질이 떨어지기 때문에 값이 상대적으로 싸다.

포장을 뜯어서 차를 볼 수 있을 때는 우선 향을 맡아서 녹차 이외의 다른 냄새가 나지 않는지를 살펴본다. 오래된 것은 지방이 분해된 냄새가 난다. 찻잎의 크기가 균일하며 색깔이 산뜻한 짙은 녹색으로 광택이 있는 것이 좋은 차이다. 단, 빨리 우러나게 처리한 심증차는 녹색이 혼탁하다. 차를 우려서 마셔보고 구입할 수 있을 때는 찻물에 뜨는 부유물이나 찻잔 밑에 가라앉는 찌꺼기가 적을수록 좋다.

각종 국산 녹차들

화개 지역의 재래종 녹차 중 가격이 비싼 우전 등은 마시고 난 후의 차 찌꺼기를 보면 잎 모양이 그대로 있다. 찻물색이 붉은빛이 도는 것은 오래 보관한 것이거나 상처를 입은 생잎을 사용한 경우 또는 열처리가 불충분하여 효소의 활동이 진행된 것이다. 이런 것은 색뿐만 아니라 다른 성분도 변화하여 품질이 떨어진다. 맛으로 볼 때 녹차는 감칠맛과 단맛이 잘 조화되어 적당한 농도로 혀에 부드럽게 닿아 뒷맛에 청량감을 주는 것이 좋다.

## 홍차

국산 홍차는 녹차에 비해 종류가 많지 않다. 그래서 홍차는 수입품이 많다. 수입품은 종류가 다양하기 때문에 어떤 차를 구입해야 되는지 모르는 경우가 많다. 이럴 경우 마시는 용도에 따라 차를 구입해야 한다. 가격이 높다고 품질이 꼭 좋은 것은 아니다. 매일 부담없이 마시기 위해서는 향이 떨어지더라도 값이 비교적 저렴한 것을 사는 것도 좋다. 그러나 접대용이나 선물용일 때는 비교적 비싸고 향이 좋은 것을 고른다. 참고로 국산 홍차의 가격은 녹차 중작 정도의 가격이다. 그리고 홍차를 구입할 때는 유통기한을 반드시 확인한다.

국산 홍차

하동녹차연구소에서 만든 녹차 제품들

보성녹차연구소에 진열된 다양한 녹차류들

각종 국산 발효차들

## 우롱차

아직까지는 우롱차도 홍차처럼 수입품이 많다. 종류에 따라 모양이나 색깔이 다르지만 몇 번 우려 마셔도 향기가 남아 있는 것이 좋은 제품이다. 이 향기 중에는 독특한 건과향이 포함된다.

좋은 제품은 잎을 펴보면 찻잎의 가장자리가 적갈색이다. 찻잎 가운데는 암록색이나 갈록색이며 가장자리가 선명한 색깔을 띠는 것은 부분발효공정이 잘 일

일본차 제품들

발효차들(차천지)

다양한 보이차 종류

중국의 차들(이순애 소장품)

어난 것이다. 또 맛을 보았을 때 쓴맛과 떫은맛이 강하지 않고 원숙미가 있으며 뒷맛에 단맛이 나는 것이 좋은 제품이다.

## 다구 선택하기

필자는 차의 성분 및 약리 효과를 다년간 연구하며 자연스러운 차생활을 즐겼으나, 다구에 대해서는 깊은 관심을 가지지 않았다. 그러나 차생활이 깊어질수록 다구에도 자연히 눈을 돌리게 되었다. 우연히 박물관 내에 있는 서점에서 신라, 고려, 조선시대의 찻잔에 관한 책을 보았는데, 그때 옛날 다구의 아름다움에 매료되었다.

다구에는 전통의 형태를 지닌 다구, 현대식 다구, 외국의 다구가 있고 이들 다구의 모양, 색깔, 크기, 가격 등이 각각 다양해서 다구의 종류는 수없이 많다.

차생활을 처음 시작하는 사람은 말할 것도 없고, 차생활에 익숙해 있는 사람도 다구를 선택하는 일이 쉽지는 않을 것이다. 다기는 1인용, 2인용, 5인용 등이 있으며 시중이나 다구점에서 쉽게 구할 수 있다. 백화점에서는 차가 들어 있는 다기세트를 쉽게 볼 수 있는데, 우선 찻잔, 차와 물을 담는 다관(茶罐), 찻숟가락, 보온병 등만 있으면 기본적인 현대식 차생활은 가능하다.

찻잔의 종류는 매우 다양하다. 찻잔의 모양은 입구 쪽이 바닥보다 약간 넓은 것이 마시기에 편하다. 찻잔의 색깔은 차의 아름다운 색깔을 잘 표현할 수 있는 흰색이 무난하다. 찻잔의 크기는 고급 차는 크기가 작은 것을 고르고, 보통의 차

생활에서는 비교적 큰 것을 선택한다.

1인용 찻잔은 차 거름망인 용수란 것이 들어 있는 것을 선택하는 게 좋다. 그러면 혼자서 다관을 사용하지 않고도 편리하게 차생활을 할 수 있다. 차 거름망이 들어 있는 1인용 찻잔 중에서 아주 높은 온도에서 제조된 바이오 세라믹 재질의 것은 기(氣)를 모아서 차를 마시기에 적합하다고도 한다.

다관은 차를 우려내는 데 쓰이며 찻주전자 모양을 하고 있는데, 이 역시 많은 종류가 있다. 손잡이의 위치가 위쪽에 있는 것도 있고 옆쪽에 있는 것도 있다. 막대기 같은 손잡이가 앞에 달려 있는 것도 있고 아예 손잡이가 없는 조그마한 다관도 있다.

다관의 재질도 금속으로 된 것과 스테인리스로 만들어진 것 등 다양하지만 도자기가 가장 실용적이다. 안에 차 거름망이 있더라도 깨끗하게 차를 마시기 위해서는 밖으로 손잡이가 달린 차 거름망을 한 번 더 사용하는 것이 좋다.

차 거름망은 작은 대나무관에 삼베망으로 처리한 수제품도 있다. 또한 나일론이나 폴리에틸렌으로 촘촘하게 되어 있어 찻물이 깨끗하게 나오는 차 거름망이 부착된 세련된 현대식 다관도 있다.

우리의 전통 다구로는 물을 식히는 물식힘 사발(귓대사발, 숙우 : 熟盂)이 있으며, 뚜껑이 없는 찻잔을 사용할 때는 차탁(찻잔받침)이 필요하다. 차탁은 도자기, 대나무, 등나무, 향나무 등으로 만든다.

찻숟가락도 용도에 따라 여러 가지가 있다. 전통 찻숟가락으로 대나무를 반쪽 자른 모양의 것을 차칙이라고 한다. 차칙은 우전처럼 어린잎을 그대로 만든 차를 다관에 넣을 때 부서지지 않도록 조심스럽게 떠서 굴려 담는 데 사용된다.

찻물을 끓일 때 쓰는 주전자는 탕관 이라고 한다. 그 밖의 전통 다구로는 물버림 사발, 헹굼 그릇, 차호(차를 우릴 만큼만 넣어두는 작은 항아리), 뚜껑받침, 차반, 차포, 차선(가루차를 저어 거품 내는 기구), 차긁게 등이 있다. 전통 다도를 즐기기 위해서는 물항아리나 탕관, 찻병(끓인 찻물을 담는 병), 차숟 등을 갖추어 사용하면 한결 운치가 있다.

홍차와 녹차다구(이순애 소장품)

중국의 전통 차다구(이순애 소장품)

1인용 다기(우동진 요)

3인용 다기(우동진 요)

5인용 다기(우동진 요)

우리나라의 휴대용 다구

중국의 우롱차 찻잔 및 다관(이순애 소장품)

말차다완(우동진 요)

전기화로(우동진 요)

물항아리, 다화병, 차시꽂이, 향로(우동진 요)

말차통과 다완(우동진 요)

다완들(우동진 요)

# 차의 보관

차를 변질시키는 요인은 습도, 온도, 산소, 광선(특히 자외선), 다른 식품으로부터의 향의 이동 등이다. 차를 오래 보존하면 점점 신선한 향이 사라지고 색깔도 변하며 맛이 떨어진다. 그리고 예외도 있지만 대체로 재스민차, 녹차, 홍차 등은 우롱차나 흑차에 비해 저장성이 떨어진다.

## 보존 용기

차는 밀폐된 캔, 자기 및 플라스틱 용기 등에 보관하는 것이 좋다. 이때 용기에 다른 냄새가 배어 있지 않은지 살펴본다. 나무통은 냄새가 있고 통기성이 있으므로 차의 보관에 적합하지 않으며, 비닐 역시 냄새가 있으며 약간의 통기성이 있어 피하는 것이 좋다. 은박지(알루미늄 포일)로 된 것은 한 번 사용하고 난 후 윗부분을 잘 접어서 공기가 통하지 않도록 한다.

보관 장소는 햇살이 직접 닿지 않고 건조한 곳을 선택한다. 밀폐용기에 두면 상온에서도 비교적 오래 보관할 수 있다. 냉장고에 넣으면 오래 보관할 수 있지만 일단 개봉한 것은 냉장고 안에 있는 온갖 식품 냄새가 차로 이동하므로 적합하지 않다.

## 티백

티백으로 된 제품은 개봉 후에 습기가 들어가지 않도록 반드시 전체를 밀폐용기에 넣어두어야 한다. 홍차는 기간이 지나도 몸에 해로운 것은 별로 없으므로,

티백(Tea forté)

오래 된 것은 과일 티나 알코올 티를 만들어 마시면 된다. 보관할 때는 탈취제를 넣어둔다.

우롱차는 제조 후 1년이 경과해도 녹차나 홍차에 비해 풍미가 쉽게 떨어지지 않는다. 무이암차는 2~3년 저장된 것이 좋다고 하며, 흑차는 20~30년 저장된 것이 오히려 부드럽고 풍미에 깊이가 있다고 평가되기도 한다.

**10장**

# 세계의 차 종류와 특징

차는 중국에서부터 시작되었으므로, 중국의 차는 몇 천 년의 역사를 가지고 있으며 종류 또한 천여 종이나 된다. 그런 가운데 많은 명차가 만들어져왔다. 그 중에서 300여 년 전에 고급 포종차의 향기 중에서 재스민 향을 느껴 재스민 꽃을 하급 포종차의 개량에 이용해 재스민차를 만들어낸 것은 매우 현명한 발견이라고 할 수 있다.

# 중국의 차

차는 중국에서부터 시작되었으므로, 중국의 차는 몇천 년의 역사를 가지고 있으며 종류 또한 천여 종이나 된다고 한다. 그러한 가운데 많은 명차가 만들어져 왔다.

중국의 차 생산지는 서남, 화남, 강남, 강북 지구의 4개로 구분되며, 대만도 제2의 중국차 산지라고 말해도 좋을 정도로 명차를 생산하고 있다. 용정(龍井)차, 벽란춘(碧螺春)차, 백호은침(白毫銀針)차, 무이암(武夷岩)차, 철관음(鐵觀音)차, 우롱차(烏龍茶), 기문홍차(祁門紅茶), 운남 보이차(雲南普洱茶)가 중국의 8대 명차이다.

각 생산지별로 차의 특징과 대표적인 명차를 살펴보면 다음과 같다.

- **강북지구** : 안휘성, 강소성, 하남성은 중국의 차 생산지 중 가장 북쪽에 위치하기 때문에 기온이 낮고 냉해를 받기 쉬운 곳이다. 강소성의 소주(蘇州) 벽란춘(碧螺春)차가 유명하며, 안휘성의 기문홍차는 세계 3대 홍차로 알려져 있다.

- **화남지구** : 복건성, 광동성, 광서성 등 중국 남단의 생산지로서 청차(淸茶), 녹차, 홍차, 백차(白茶)가 생산되고 있다. 특히 복건성과 광서성은 청차(우롱차)의 생산지로 유명하다.
- **강남지구** : 강서성, 호남성, 호북성, 절강성 등 중국에서 차 생산량이 가장 많은 지역이다. 주로 홍차와 녹차를 생산하고 있다. 비교적 강우량이 많고 기후도 온화하다. 절강성의 용정차와 주차(珠茶, 진주와 같이 둥글게 말린 모양을 하고 있는 차)가 이름난 명차다.
- **서남지구** : 운남성, 귀주성, 사천성에서 차가 난다. 주로 홍차, 녹차, 흑차가 생산되고 있다. 비교적 강우량과 기온이 안정되어 있으며 차나무의 기원이 되는 곳이라고 전해진다.
- **대만** : 품질이 좋은 차의 산지로 알려져 있다. 특히 청차(우롱차)의 생산으로 유명하다. 이름 있는 차로는 백호(白毫) 우롱차, 동정(凍頂) 우롱차, 문산(文山) 포종차 등이 있다.

중국차의 기본 형태로 6대 다류가 있다. 즉 녹차, 황차, 흑차, 백차, 청차(우롱차), 홍차가 그것이다. 이와 같이 색깔별로 나누는 것은 제조공정의 차이에 의한 것이다. 공정 하나하나의 차이가 향과 맛을 다르게 한다. 이렇게 분류된 차는 제법상의 작은 차이나 산지별로 다시 재분류된다.

그러나 중국차 역시 발효 정도에 따라 크게 불발효차와 발효차 두 가지로 나누기도 한다. 녹차, 황차, 흑차는 불발효차라고 하고 백차, 청차, 홍차는 발효차라고 한다. 그러나 엄밀히 따져서 흑차는 후발효차이고 청차는 부분발효차이다.

녹차는 덖음차(炒茶), 증제차(蒸靑), 착향(着香), 증압(蒸壓)의 네 종류가 있다.

덖음차의 대표적인 것으로는 용정차(龍井茶)가 있다. 용정차는 절강성의 항주(杭州) 서호(西湖)에서 생산되는 차로 이 지역은 양질의 차가 생산될 수 있는 환경조건을 갖춘 곳이다. 용정차를 제조하는 공정에서 특이한 것은 솥 안에서 덖을 때 비교적 낮은 온도에서 덖으며, 손으로 누르면서 덖는다는 것이다. 용정차는 차의 모양이 평평하며, 찻물색은 황금색이고 산뜻한 맛과 독특한 꽃향을 가지고 있다.

증제차는 중국에서 거의 볼 수 없으나 광서(廣西)지방에서 소량 만들어져 파파차(巴巴茶)라 불린다. 착향은 꽃차로 불리는데, 향기가 높지만 값은 비교적 싸다. 재스민차는 북경을 중심으로 하는 지역에서 많이 애호되고 있다.

## 황차

황차

황차는 살청(殺靑, 열을 가하여 효소의 산화작용을 억제시키는 일) 후 실내의 마루에 퇴적하여 민황(悶黃, 가볍게 숙성을 촉진시키는 일)공정을 거쳐 만들어진다. 그래서 카페인도 많이 줄어들고 녹차에 없는 독특한 향기가 나며 찻물이 많이 우러나온다.

황차를 대표하는 것으로는 사천성의 몽정황아(蒙頂黃芽), 호남성의 군산은침(群山銀針) 등이다. 사천성의 몽정황아는 몽산산맥에서 생산되는 것으로 어린싹만으로 만든 것이다.

군산은침은 호남성의 동정호(洞庭湖) 부근에 있는 군산에서 생산된다. 차의 어린싹을 따서 솥에서 열처리를 한 뒤 건조시킨다. 그리고 수분 함량이 50~60% 정도가 되었을 때 종이로 싼 뒤 상자에 넣어 2일 동안 저장하면 차의 색이 등황색을 띤다. 이것을 하루 동안 다시 퇴적시켰다가 건조시킨다.

차의 색은 황금색이지만 흰 솜털(백호)에 둘러싸여 직선 모양을 하며 찻물색은 등황색이다. 온화한 감미가 있고 물을 따르면 찻잎이 수직으로 서는데, 중국 사람들은 잎의 선단에 생긴 기포가 작은 새가 진주를 문 것처럼 보인다고 표현하였다.

## 흑차

흑차는 녹차의 반제품인 모차(毛茶, 粗製茶 또는 初製茶라고도 함)를 이차 가공한 전형적인 후발효차이다. 흑차는 유념 후 마루 위에서 퇴적하고 차의 색

흑차(이순애 소장품)

이 흑색으로 변할 때까지 충분하게 숙성시킨다. 퇴적 중에 누룩곰팡이가 번식하여 흑차는 떫은맛이 적지만, 약간의 곰팡이 냄새가 난다.

흑차의 대부분은 출하와 보존에 편리하도록 긴압차(緊壓茶)류인 정형차(定型茶)와 병차(餠茶) 등으로 재가공되기도 한다. 정형차는 필요한 만큼을 잘라 삶아서 나오는 찻물을 마시는 것이 보통이지만 밀크를 섞어 마시는 경우도 있다.

흑차 중 유명한 것으로 보이차(普洱茶)가 있는데 운남성의 보이가 차의 집산지여서 붙여진 이름이다. 보이차는 특히 차의 숙성에 사용한 곰팡이가 몸속의 지방을 분해한다고 하여 일본인들에게 살찌지 않는 건강차로 알려져 있으며, 우리나라에서도 판매되고 있다.

보이병차(普洱餠茶, 團茶)는 운남성의 경동, 경곡 및 그 외의 남부지방에서 생산되는데, 이곳은 최고급의 차를 생산할 수 있는 환경을 가지고 있다. 차의 향이 수 킬로미터를 덮으며, 맛은 농후하고 자극적이라고 한다.

보이차와 보이병차의 찻물색은 적갈색이고 떫은맛은 적으며, 주로 흙냄새와 곰팡이 냄새가 나지만 어떤 것은 과일향을 띤다고 한다.

### 백차

백차는 중국 복건성의 특산차로 천 년 이상의 역사를 가지고 있다. 부분발효차 중에서 가장 가벼운 발효를 시킨 것으로 가공공정도 간단하여, 유념시키지 않고 건조시킨다. 백차는 중국차 생산량의 0.1%에도 미치지 않는 적은 양을 차지하지만, 중국인들은 고혈압에 좋다고 하여 즐겨 마시는 차이다.

백차에는 딸 때 솜털이 둘러싸인 차싹만을 딴 싹차(銀針)와 잎이 약간 열린 싹을 딴 찻잎(白牧丹, 백모단)의 두 가지가 있다. 지역의 이름을 붙여 싹차는 정화은침(政和銀針), 백림은침(白琳銀針)이라 하고 찻잎은 건조한 목단 꽃잎 같은 모양을 가지므로 정화 백모단(白牧丹), 수길 백모단이라 한다. 백호차(白毫茶)는 산지명을 붙이지 않은 백차의 일반적인 이름이다.

백차 중에는 수미(壽眉)와 공미(貢眉) 등도 있는데, 미(眉)는 눈썹 모양이라는 뜻이다. 수미는 북송시대에 황실에 공물로 바쳐진 것으로 역사가 깊으며, 1876년 영국의 버밍검 차회사에서 블렌딩하여 흰 눈썹이라는 뜻의 소우 메이(Sow Mei)라는 제품으로 생산하여 '차의 예술(the art of tea)'이라는 격찬을 받았다.

백차의 찻물색은 담황색으로 매우 산뜻한 단맛을 가지며 신선한 향이 오래 지속된다. 물을 부으면 뾰족한 차싹이 물의 표면을 향해서 하나씩 섰다가 가라앉기를 몇 번씩 반복한다.

## 청차

청차는 일반적으로 우롱차(烏龍茶)로 알려져 있다. 차의 모습이 까마귀와 같이 검고 용과 같이 구부러져 있다 하여 붙여진 이름이다. 한편 산지의 명칭에서, 혹은 품종에서, 혹은 전설에서 퍼뜨린 사람의 아호에서 따왔다는 설도 있다. 발효 도중에 살청하므로 부분발효차라고도 한다.

청병

녹차는 바로 열을 가해 효소의 활성을 없애지만 부분발효차는 잎을 그대로 통풍이 좋은 곳에 펴서 햇볕에 쬐면서 상하로 뒤적인다. 이것을 일광위조라 한다. 그다음 실내에서도 한 번 더 위조를 행한다. 향기는 위조공정에서 거의 형성되며 녹차와는 전혀 다른 향기를 낸다.

솥에 덖을 때도 효소의 활성을 완전히 없애지는 않고 덖음과 유념을 반복하여 발효를 진행시킨다. 그 후 불을 더 가해 남아 있는 효소의 활성을 고온으로 완전히 없애 풀냄새를 없애고 떫은맛을 감소시킨다. 마지막 건조에 의해 수분 함량을 4% 이하로 한다.

발효를 충분히 시킨 것을 우롱차(50~55% 발효)라 하며 그 중간의 것을 철관음차(25~30% 발효)라 한다. 복건성 남부의 청차, 대만청차, 광동청차가 유명하다. 철관음차는 열을 강하게 가하였으므로 떫은맛이나 쓴맛이 적고 열탕에 오래 두어도 맛이 떨어지지 않고 오히려 부드러운 맛이 우러나온다. 찻물색이 진하게 우러나오는 것이 특징이다.

우롱차는 향기가 매우 좋고 알칼리도가 강하며 이뇨와 해독작용이 있다. 지방분이 많은 중국요리를 먹을 때 적합하다. 단, 자기 전 공복에 마시면 위에 부담을 준다.

포종차는 독특하고 우아한 꽃향기를 내는데, 그것은 위조공정 동안에 재스민 꽃 정유가 갖는 특유한 향의 하나인 재스민 락톤이라는 물질이 형성되기 때문이다.

중국인들이 300여 년 전에 고급 포종차의 향기 중에 재스민 향을 느껴 재스민 꽃을 하급 포종차의 개량에 이용해 재스민차를 만들어낸 것은 매우 현명한 발견이라고 할 수 있다.

# 일본의 차

일본의 대표적인 차는 녹차이다. 일본의 녹차도 산지, 재배법, 따는 시기, 만드는 법에 따라 여러 가지 종류가 있다. 녹차는 잎을 증기로 찌거나 가마솥에 넣고 덖어서 잎에 포함되어 있는 효소의 산화작용을 억제시켜 차 고유의 녹색을 지니도록 만든 것이다.

일본에 처음 녹차가 들어왔을 때는 중국식으로 가마솥에 덖는 방법을 사용하였으나, 1730년 이후로는 찻잎을 증기로 찌는 일본만의 독특한 방법이 개발되었다. 최근 차 산지에서는 기계를 조작하는 일까지도 컴퓨터 시스템으로 생산할 정도로 제조공정이 잘 발달되어 있다.

향긋한 향을 즐기는 전차(煎茶)는 5월에 따는 햇차와 6월에 따는 2번 차를 증기로 찐 다음 비벼서 말린 것이다. 일본에서 마시는 차의 대부분은 전차이다.

옥로(玉露)는 외관상 전차와 닮았지만 재배법이 다르다. 옥로는 찻잎을 따기 약 2주일 전부터 볏짚이나 거적 등으로 볕가리개를 씌워서 직사광선을 받지 않고 자란 부드러운 찻잎을 따서 만든 것이다.

연차는 옥로와 마찬가지로 찻잎을 따기 전에 볕가리개를 씌워 그늘에서 자란 어린 순을 따서 찐 다음, 비비지 않고 잎을 편 채 건조시켜 만든 차다. 보통 가루차(抹茶)를 만드는 데 이용한다. 한편 차싹이 나와 자라는 2주일 동안 볏짚이나 거적, 화학섬유 등을 덮어 직사광선이 쪼이지 않게 해주면 옥로차에 가까운 맛과 향기를 내는 차가 된다. 하지만 이것 자체를 차로 쓰기보다는 고급 전차나 옥로차의 맛을 돋우기 위한 재료로 쓴다.

옥로나 연차와 같은 볕가리개차의 특성은 햇볕을 차단함으로써 광합성이 억제되어 찻잎의 성분 변화가 일어나는 데 있다. 즉 탄닌인 카테킨이 감소하고 아미노산류가 증가됨에 따라 차의 떫은맛이 감소되고 단맛과 감칠맛이 증가하게 된다.

말차는 연차를 절구에 갈아서 미쇄분말로 만든 것으로 차로도 마시지만 과자나 음료수의 재료로 사용하기도 한다. 전차보다 역사도 깊고 일본의 다도에 이용되는 차이기도 하다. 번차(番茶)는 찻잎이 뻣뻣해지기 시작할 때(3번 차가 많다) 따서 만든 것으로 유념과 조유공정을 거쳐 찻잎이 평평한 모양을 하고 있다.

호우지차(焙じ茶)는 번차(햇차에 비교해 여름차를 번차라고 함) 혹은 선별된 대형의 전차를 강한 불에 덖어서 태운 향이 가미된 차이며 비교적 값이 싸다. 찻물색은 진한 맥주색이고 독특한 향기가 있다. 보통의 전차보다 카페인이나 탄닌의 성분이 적어 관동지방에서는 식후에 마시는 차로 이용한다. 일본요리, 특히 초밥을 먹을 때 이 차를 마시는데, 그것은 차의 탄닌이 혀 위의 기름기를 제거하고 피로를 풀어주어 음식 맛을 잘 느끼게 해주기 때문이다.

그래서 초밥을 먹을 때 재료가 바뀔 때마다 호우지차를 마시면 다음 재료의 맛을 잘 알 수 있다. 아미노산류가 많은 전차나 옥로는 단맛이 있기 때문에 오히려 초밥의 맛을 민감하게 즐기는 데 방해가 된다.

또 일본에서 증제차가 생기기 이전에 도입된 중국식 방식으로 만든 가마덖음차(釜炒り茶)가 일부 남아 있는데, 규슈의 우레시노차(嬉野茶)와 아오야나기차(青柳茶)가 그것이다. 우레시노차는 솥을 40~50도로 기울여 덖는데 잎의 투입량이 많다. 제품화된 차는 둥근 모양으로 색깔은 황록색이다.

아오야나기차는 솥을 수평으로 하여 잎의 투입량을 적게 하고 덖는 정도를 빨리 진행한다. 제품의 형은 조금 펴진 모양이고 색깔은 청록색을 띤다. 우레시노차는 찻물색이 진한 황색인데 비해, 아오야나기차는 약간 청색을 띤다. 최근 일본에서는 이러한 전통 녹차의 제조도 대부분 기계화되었다.

줄기차(茎茶)는 옥로나 연차에서 줄기나 잎맥 부분을 선별하여 만든 것이다. 또 볕가리개차를 따고 난 후 어린 줄기를 잘라 모아 제조한 것도 있다. 시판되는 양은 적으나 고급 전차 정도의 맛과 향기를 지니고 있다. 가루차(粉茶)는 전차를 선별할 때 나오는 가루를 모은 것으로 주로 티백으로 사용된다. 현미차는 하급 전차, 번차, 호우지차에 현미를 섞은 것으로 현미의 고소한 향이 첨가되어 차맛이 독특하다.

일본의 휴대용 말차다구

와인병에 든 차 제품(일본산)

와인병에 든 차를 따른 모습(일본산)

# 세계의 홍차

1600년대 초에 네덜란드 사람들이 중국차를 유럽에 전파시켰다. 그때의 차로는 우롱차에 해당하는 부분발효차와 녹차가 있었는데, 부분발효차는 런던의 커피하우스에서 대환영을 받았다. 그래서 상인들은 영국인의 기호에 맞도록 차 생산자에게 완전발효차를 만들어달라고 부탁한 것이 홍차의 시작이라고도 한다.

녹차와 부분발효차 이외에 홍차가 새롭게 생겨난 때는 1650년경이다. 홍차는 영국인들의 생활 속에 파고들었으며, 점차 세계적인 음료로 보급되었다. 현재 세계적으로 생산되는 차 가운데 75%는 홍차가 차지하고 있으며 그만큼 많이 소비되고 있다.

## 인도

인도는 홍차 생산량이 가장 많은 나라이다. 오늘날 인도가 차 생산국으로 변모하게 된 것은 영국에 의해서라고 해도 과언이 아니다. 영국은 증가하는 자국의 차 수요를 네덜란드에 독점시키지 않고 1680년경에 영국 동인도회사로부터 차의 수입을 시작하였고, 1720년경에는 홍차 수입을 독점하였다.

그 당시 런던의 명물인 커피하우스에서 커피, 코코아, 홍차가 만났으나 결국 홍차가 영국인의 기호에 잘 맞아 영국인의 음료가 되었다. 19세기에 들어와서 영국은 인도의 아삼지방에서 차 재배를 시작하였다. 그 결과 1875년에는 인도산 홍차만으로 영국의 수요를 충족시켰다.

### 아삼(Assam)

1830년대에 인도에서 최초로 다원(茶園) 개발에 성공한 곳이다. 인도의 북부지방에 위치하며 해발 800미터 되는 고지대에 있는 다원으로, 인도차의 절반 이상을 생산하는 세계 제1의 차 산지이다. 아삼지방에서는 자생종으로 조성한 차밭에서 좋은 성과를 거두었다. 6월의 차가 최고급이고 고운 적갈색을 띤다.

이 지방에서 생산되는 차는 뜨거운 물을 넣으면 침출이 매우 빠르다. 찻물색은 적색으로 중후한 맛이 뛰어나며 부드러운 장미 향기가 있다. 강한 맛이 특징이므로 블렌드용으로 적합하며, 티백의 수요도 높고 밀크 티에 잘 어울린다.

### 다즐링(Darjeeling)

북인도 히말라야 산맥의 2,300미터 고지대에 있는 다원이다. 이 지역은 밤낮의 기온차가 심하고 그 때문에 발생하는 안개와 공기로 인해 독특한 맛과 향기를 내는 홍차가 생산된다. 표고가 높고 기온이 낮은 지역에서는 아삼종보다는 중국종 혹은 중국종과의 교배종이 재배에 알맞다고 판명되었다. 독특한 향기가 있는 다즐링차는 스리랑카의 우바차와 중국 안휘성의 기문홍차와 더불어 세계 3대 홍차로 알려져 있다.

수확되는 시기에 따라 맛과 향기가 크게 달라진다. 보통 3월부터 11월까지가 수확기이지만, 3~4월의 첫물차(first flash)는 신선한 향미가 특징이고 찻물색은 엷은 오렌지색으로 빛깔이 특히 고우며, 백포도주의 향기를 가지므로 '홍차의 샴페인'이라 불린다. 또 6~7월에 생산되는 두물차(second flash)는 맛과 향이 뛰어나 최고급 품질에 속하며, 숙성된 머스캣(향기로운 엷은 빛깔의 유럽 원산 포도)과 닮은 독특한 향기를 가진다.

찻물은 첫물차보다 진한 적색을 띠는 오렌지색이다. 큰 찻잎이 많기 때문에 향을 살리기 위해 찻물을 우려내는 데 시간(4~5분)을 충분히 준다. 우기인 10월 이후에 수확한 차(autumnal)는 맛과 색은 진하나 향이 약하다.

### 닐기리(Nilgiri)

남인도를 남북으로 달리는 산맥의 고원에 위치한 다원으로 '블루 마운틴(blue mountain)'이라고도 불린다. 기후나 풍토가 스리랑카와 매우 닮아 스리랑카 홍차와 유사한 차가 생산된다고 한다. 이 지역에서 차를 생산한 역사가 짧고 차나무도 어리지만 장래성은 큰 곳이다. 1월에 생산되는 차가 최고급품이다.

찻물색은 선홍색으로 밝고 아름다우며 비교적 강한 맛과 특이한 향을 가지고 있다. 품질에 비해 가격이 싸므로 블렌드용으로 많이 사용된다.

## 스리랑카

스리랑카는 영국의 식민지일 때 실론(Ceylon)이라는 이름으로 불렸다. 영국의 식민지였던 1800년대 초에는 커피 재배가 성행하였으나, 1860년경 커피나무가 병으로 모두 죽은 다음에 영국인들이 다원을 만드는 데 성공하여 세계적인 차 산지가 되었다.

스리랑카는 중앙에 남북으로 달리는 산맥이 있어 동쪽은 우바차 구역, 서쪽은 딤불라차 구역으로 갈라진다. 세계적으로 많은 양의 차를 생산하고 있으며 품질에 있어서도 실론티라고 하면 '품질이 좋은 차'의 동의어로 사용될 정도이다.

### 우바(Uba)

스리랑카 남동부의 하이랜드라고 하는 표고 1,000~1,600미터의 산악 다원지대이다. 여기서 생산되는 차는 세계 3대 명차의 하나로 손꼽히는데, 그 중에서도 7월의 차가 최고이며 8월 중순까지 향기가 가장 고조되는 시기이다.

이 시기를 딤블라차 구역의 1월과 함께 '향기의 계절(flavory season)'이라 하는데, 차밭 주변에 충만한 찻잎의 향기가 매우 상쾌하고 우아하다. 우바 향기(uba flavor)가 있을 수 있는 생산 기간은 한정되어 있기 때문에 생산량도 적고 희소가

치가 있다.

황금색의 싹을 많이 포함하여 차를 우렸을 때 컵 가장자리에 금환(금색의 고리)이 빛나면 명품에 속한다. 금환은 코로나(corona)라고도 하는데, 금환이 생기는 것은 찻잎 자체가 가지고 있는 황색 플라본 색소와 제조 중에 탄닌의 산화에 의하여 생긴 적색 색소의 조화가 좋다는 것을 의미한다.

황색계의 색소는 컵 가장자리 부분에 나타나고 적색 색소는 찻물의 깊은 부분에 나타난다. 또한 금환을 나타내는 차는 탄닌과 플라본 색소가 많은 양질의 잎을 원재료를 사용해 만든 고급 차라는 증거가 된다. 우바차는 약간 떫은맛이 나지만 좋은 맛을 가지며 특유의 강한 장미 향기가 있고 밀크티에 잘 어울린다.

**딤불라(Dimbula)**

우바 하이랜드와 반대 측인 남서부에 널려 있는 고지대 다원이다. 1월 말에서 2월에 생산되는 차가 최고급이다. 여기서 생산되는 홍차는 찻물색이 밝고 깨끗한 홍색이며 약간 떫으나 맛이 좋으며, 남국 특유의 달콤한 꽃향기가 있지만 우바차보다 부드럽다. 밀크와 레몬에 모두 잘 어울린다. 서쪽 구역에는 딤불라 외에 누와라엘리야와 딕코야 지역도 유명하다. 누와라엘리야 지역의 차는 우아한 맛과 향기가 있으며 색깔은 매우 밝은 오렌지색이다. 딕코야차는 상쾌한 맛이 있으며 색깔은 포도주색이다.

## 케냐

20세기에 들어와 인도와 스리랑카에 이어 제3의 신천지로서 영국의 자본에 의해 홍차 생산이 시작된 곳이 동아프리카의 케냐와 우간다 및 탄자니아 등이다. 특히 케냐는 인도와 스리랑카의 차 기술자에 의해 개발되어 순조롭게 발전되었다. 1992년부터는 홍차의 생산량이 스리랑카를 앞서고 있다.

생산량이 최고로 많은 시기는 10월 중순에서 12월 중순까지와 3월에서 6월까지이다. 케냐의 차는 신선한 향기를 지니고 있으며 맛도 순하다. 찻물은 밝고 투명한 홍색이며 시티시(CTC) 홍차로 제조되어 블렌드용이나 티백용으로 유럽에 수출된다.

## 인도네시아

네덜란드의 식민지시대 때부터 개발되어 유럽에 차를 수출했지만, 제2차 세계대전으로 다원이 망가졌다. 그러나 1960년에 들어서면서 생산량도 회복시키고 수출도 재개되었다. 최근에는 다원을 국가에서 운영하는 형식으로 부활시킴으로써 자바와 수마트라 등지에서 차가 대량 생산되고 있다.

자바의 홍차는 찻물색이 밝고 투명감이 있으며 부드러운 향미를 가지나 연하여 블렌드용으로 사용된다. 수마트라의 홍차는 찻물색이 짙어서 흑색에 가깝고 맛과 향기도 거의 특징이 없어 중급품의 블렌드용으로 사용된다.

## 터키

터키는 17세기에 차를 마시는 풍습이 있었는데 차 생산이 일시적으로 중단되었다가 1947년에 홍차 공장을 세워 생산하기 시작하였다. 1963년부터 차 수입을 금지시키고 국산차를 소비하게 하고, 1984년까지 차의 판매와 제조 및 유통을 국영화하였다. 차공사에서 45개의 공장을 가동하여 전매하였으나 1984년부터는 민간기업도 참여하게 되었다.

지금도 대부분의 차가 차공사에 의해 생산과 유통이 되고 있다. 차 재배지는 흑해 연안과 흑해 동부 지역에 국한되어 있다. 총 생산량의 약 69%를 리제시에서 생산하고 있으며, 그 밖에 트라브존, 아르트빈, 지레선, 오르두 등지에서 생산하고 있다.

커피 수입을 금지했을 때에는 홍차의 국내 소비율이 20년 동안 6배로 증가하였으며, 커피의 수입을 재개한 최근에도 차의 소비가 더 많다. 자국에서 소비되는 홍차는 1kg 단위로 크게 포장한 것도 있다.

## 중국

현재 인도와 스리랑카의 홍차가 유명하지만 홍차는 원래 중국에서 먼저 만들어졌다. 중국에서는 많은 양의 홍차를 생산하고 있으며 그 중 90%를 수출하고 있다. 중국 홍차는 향기가 부족하지만 맛은 좋다. 안휘성의 기문홍차가 특히 유명하다. 기문홍차는 찻잎 모양이 가늘고 8월에 딴 것이 최고급품이며 난꽃이나 장미꽃 향기가 난다. 찻물색은 등황색이다.

또한 양귀비가 즐겼다는 열대 과일인 여지(중국산의 상록수 열매)의 산지인 광동성에서 생산되는 여지홍차가 유명하다. 향을 가한 홍차에 속하는 여지홍차는 꽃향기 대신에 과일을 첨가한 것으로, 여지 특유의 달콤한 향기와 차 맛이 잘 조화된 맛있는 홍차이다.

## 일본

일본에서는 명치 7년에 정부가 규슈에 홍차 전습소를 만들어 유럽에 수출도 했지만 길게 가지 못했다. 제1차 세계대전 후 국내 자급을 위해 규슈에서 다시 홍차 제조가 시작되어 홍차용 품종인 베니호마래 등이 재배되었지만, 품질 면에서 열대산에 뒤떨어졌다. 그래서 1971년에 홍차 수입을 자유화하여 인도와 스리랑카 등 세계 각국에서 수입된 홍차를 애용하고 있다. 나름대로의 블렌딩과 특유의 아름다운 포장을 자랑한다.

## 러시아

홍차의 대소비국 러시아는 거의 인도와 스리랑카로부터 수입하는 홍차에 의존하고 있다. 온화한 코카서스 남부나 흑해의 고원에 있는 다원에서 차 생산을 시작하였지만 방대한 수입량에는 못 미치고, 풍토적으로 중급 이하의 차가 생산되고 있다. 진하게 끓인 액을 묽혀서 마시는 러시아에서는 생산되는 차가 모두 국내용으로 소비되고 있다. 품질은 그리 좋지 않다.

## 말레이시아

반도를 남북으로 달리는 산악지대와 남부의 고원에 기업화된 다원에서 차를 생산한다. 자국 내에 판매하고 있지만 생산량은 적고, 수출도 하지 않는다. 풍토적으로 볼 때 차 생산의 가능성은 높지만 토질이 홍차에 별로 맞지 않아 품질은 그리 좋지 않다. 따라서 중국차의 수입에 거의 의존하는 실정이다.

## 파푸아 뉴기니

오스트레일리아에 거주하던 영국인 차 상인들이 커피로 유명한 북부 하이랜드 지구와 고원 지대에 대규모의 다원을 개발하였다. 품질은 중급 이하로 별다른 특징이 없지만, 스리랑카산과 블렌드하여 오스트레일리아나 뉴질랜드에 수출하고 있다.

## ★ 베트남

베트남은 의외로 차가 많이 생산되는 곳이며 그 역사도 깊다. 프랑스 식민지 시대에는 프랑스인들에 의해 차를 유럽에 수출하고 차 산업을 발전시켰다. 그러나 1945년 이래 30년에 걸친 전쟁에서 남북 양쪽 지역의 차연구소도 폐쇄되고 차밭도 황폐화되었다. 전쟁이 끝난 후 다시 차 산업이 부흥되어 재배면적이 넓어졌다.

베트남에서 선호하는 차는 녹차이며 전통의 다도가 있다. 연꽃향을 입힌 연꽃차는 다른 차류에 비해 비싼 편으로 풍미가 좋아 선물용으로도 이용된다. 한국과 중국의 전통적인 연꽃차는 연봉오리에 녹차를 넣고 실로 묶어 향기를 스며들게 하는 것이나 베트남의 경우 꽃술을 따서 녹차와 혼합하여 이틀 정도 둔 후 꽃술을 걸러내는 과정을 몇 차례 거치므로 많은 연꽃이 필요하며 가격은 비싸다.

## 차 한 잔 마시며 쉬어 가는 곳

### 스리랑카의 홍차 산지

스리랑카의 차 산지는 전국적으로 널리 분포되어 있으나 표고의 차이에 의해 고지대(표고 1,220미터 이상), 중간지대(표고 1,220~610미터), 저지대(표고 610미터 이하)로 구분된다.

고산지의 차는 밝은 찻물, 미묘한 향, 상쾌한 떫은맛이 특징인 고급차이다. 우바와 딤불라가 유명하다.

중산지의 차는 떫은맛이 적고 풍미가 강하며 특징 있는 향을 가지고 있다. 블렌드용으로 적합하다.

저산지의 차는 향기가 약하지만 찻물이 진한 것이 특징이다. 블렌드용으로 적합하다.

# 세계 유명 홍차 브랜드

## 영국

**립톤**(Lipton)

립톤의 창업주 토마스 립톤은 1850년에 스코틀랜드에서 식료품점을 하는 집에서 태어났다. 소년 시절에 4년 동안 미국에서 생활한 경험이 있으며 식료품점 가업을 이어받아 번창시켰다. 마흔 살이 되는 1890년에 스리랑카(당시의 실론 섬)에 가서 다원을 설립하였다.

그는 양질의 아삼 차나무를 그곳에 이식해서 성공하면서 품질이 좋은 스리랑카차를 영국에 보급시켰다. 1892년에 배합과 포장을 위해 공장을 건설하였는데, '다원에서 직접 티 포트로'라는 그의 슬로건은 매

립톤 홍차

우 유명하다.

당시 미국에는 중국차와 일본의 녹차 이외에는 거의 없었으므로 립톤홍차는 미국에서도 대중의 지지를 받았다. 이후 립톤은 홍차를 전 세계에 보급시켜 사랑받게 하였고, '홍차왕'이라는 칭호를 얻었다.

립톤 허브차

**트와이닝**(Twinings)

영국 홍차 중 가장 오랜 역사를 가진 차이다. 이 차는 토마스 트와이닝이 1706년에 런던에 커피하우스를 개점한 것으로부터 시작된다. 당시 이 커피하우스에는 많은 학자나 중상류층의 고객들이 모여 차를 마셨다.

그 후 런던 시민들이 홍차를 즐겨 마시고 앤 여왕을 비롯한 여성들조차 홍차를 마시기 시작했다. 1717년에는 홍차만 전문적으로 판매하는 골든 라이온이라는 점포가 생겼다. 당시의 커피하우스에는 여성들이 들어가지 못하였으므로 골든 라이온에는 홍차를 사려는 여성들로 붐볐다고 한다.

토마스 트와이닝의 아들 다니엘 트와이닝이 가업을 이어받아 사업을 발전시켰고, 그 덕택에 영국 전 지역뿐 아니라 국외에까지 그 명성을 떨쳤다. 18세기에 트와이닝이 판매한 차는 홍차뿐만 아니라 녹차도 있었으며, 생산지는 중국이었다. 19세기에는 인도의 아삼과 스리랑카나 자바 등의 홍차가 들어왔고 아삼차의 수요가 증대되었다.

18세기 이전에는 주문 판매를 하였고 블렌드(배합) 홍차는 없었으나, 제1차 세계대전 중 블렌드 홍차가 생겼다. 제2차 세계대전 때는 6종류의 블렌드 홍차가 있었으며 300년의 역사가 되는 근간에는 다즐링, 얼그레이, 우바, 스리랑카 블랙퍼스트 등 10개도 넘는 블렌드 홍차가 판매되고 있다. 긴 역사 동안 쌓아온 블렌드 기술에 의해 아직도 최고의 품질을 자랑하고 있다.

### 잭슨(Jacksons)

1680년 잭슨이라는 사람이 시작한 상점명이지만 주로 홍차를 취급하는 식품회사가 된 것은 19세기 중반이다. 중국의 신비한 가향차의 블렌드를 재현해서 얼그레이라는 이름으로 영국뿐 아니라 세계에 널리 알렸다.

### 브룩 본드(Brooke Bond)

1869년 부룩이라는 사람이 창설하여 블렌드 차 판매로 영국 일반 가정에 홍차를 침투시켰다. 호텔과 레스토랑의 블렌드 시리즈가 유명하며, 일류 호텔의 차 맛을 집에서 즐길 수 있게 하였다.

### 리즈웨이(Ridgway)

1836년 리즈웨이라는 사람이 창립한 홍차 상점명이다. 빅토리아 여왕의 명령에 의하여 만들어진 블렌드차 HMB(Her Majesty Blend)는 스리랑카, 아삼 및 다즐링차의 배합이 내는 기품 있는 향미를 가지고 있다.

### 포트넘 & 메이슨(Fortnum and Mason)

18세기 초에 앤 여왕에게 임무를 받아 포트넘과 메이슨이 창설한 식료품점이 시작이며, 빅토리아 여왕시대에 홍차를 비롯한 많은 식료품을 왕실에 납품하였다. 그 후 레스토랑과 제과점 등도 설립하여 상류사회의 사교장으로 사용되었다. 인도산과 실론티를 블렌드한 전통적인 영국 홍차 로열 블렌드가 유명하다.

### 웨지우드(Wedgwood)

웨지우드의 피터 래빗(Peter Rabbit)차는 영국의 여류작가의 그림책에서 따온 토끼 그림이 심볼인데, 단란한 가족의 티 타임에 적합하도록 인도산 최고급 차를 엄선하여 만든 것이다.

영국에는 위에서 소개한 것 말고도 런던 클래식 티(London Classic Tea), 로열 달톤 티(Royal Doulton Tea) 등 다수의 브랜드가 있다.

## 프랑스

프랑스에서 유명한 홍차 브랜드는 마리아쥬 프레르(Mariage Freres)와 포숑(Fauchon)이 있다.

마리아쥬 프레르는 1854년에 창립된 역사가 깊은 회사이며 듀크 오브 웰링턴(Duke of Wellington)과 같은 차는 인도산 2종의 홍차와 실론산 홍차 1종에 중국 녹차를 혼합한 차이지만 보름달의 향연(Pleine Lune), 에로스(Eros) 및 사랑의 묘약(Elixir d'Amour) 등의 홍차류들은 꽃향, 과일향, 달콤한 향, 스파이스향 들의 성분들을 첨가하고 있어 젊은 층의 취향에 맞게 만들어지고 있다.

포숑은 1886년 창립된 프랑스 파리의 고급 식료품점으로 우리나라에도 들어

프랑스 마리아쥬 프레르 홍차(이순애 소장품)

와 있다. 인도의 다즐링과 스리랑카의 차에 사과향을 가미한 것과 얼그레이 등의 상품이 있다.

## 아일랜드

아일랜드에는 150년의 전통을 자랑하는 뷸리즈(Bewley's)라는 홍차 브랜드가 있다. 다즐링, 브렉퍼스트, 얼그레이, 애프터눈 티 등의 상품을 판매하고 있다. 애프터눈 티는 케냐와 아삼지방의 차를 배합한 것으로 찻물색은 선명한 홍색이며 산뜻한 맛을 낸다.

## 덴마크

로열 코펜하겐은 18세기에 덴마크 왕실을 위해 설립되었으며 예쁜 도자기에 담겨져 있다. 최고급의 용기에 어울리는 최상품의 홍차를 사용하였다. 양질의 우바차와 다즐링차를 사용하였으므로, 밀크 티로 마시기보다는 스트레이트(straight)로 마시는 것이 제격이다.

## 스코틀랜드

1812년에 에덴버러에서 창립된 멜로즈(Melrose's)가 있다. 아삼차, 퀸스 티 등이 세계인의 사랑을 받고 있다.

## 미국

힐스 브로스(Hills Bros)는 1878년에 힐스 형제에 의해 시작된 브랜드이다. 두 형제는 홍차, 커피, 스파이스 등을 취급하는 식료품점을 샌프란시스코에 열었고, 지금도 최고의 품질을 유지하려는 노력을 하고 있다. 다즐링 잎차 등이 2인용 소포장으로 된 것도 있어 사용하기 편리하다.

## 일본

1927년에 일본 홍차의 제1호가 일동홍차(Nittoh, 日東紅茶)에서 발표되었다. 일본의 수질과 일본인의 기호에 맞게 만들어져 일본인에게 사랑받고 있다. 인도산과 스리랑카산 등이 블렌딩된다. 일본인들은 녹차 못지않게 홍차도 매우 즐기므로 이토엔(Iton, 伊藤園), UCC 등 제법 많은 홍차 브랜드를 가지고 있다.

## 차 한 잔 마시며 쉬어 가는 곳

### 영국의 커피하우스에서 홍차를 선전하는 문구

- 차는 몸을 활발하게 하여 건강하게 한다.
- 차는 두통과 현기증 등을 감소시킨다.
- 차는 우울증을 없앤다.
- 설탕 대신에 꿀을 넣으면 간을 강하게 만들어 결석증 등에 효과가 있다.
- 차는 호흡곤란을 없앤다.
- 차는 피로감을 없앤다.

# 상품화된 유명 블렌딩 차

차를 만드는 회사에서 여러 산지의 찻잎을 배합하여 만든 차들을 소개한다.

### 로열 블렌드(Royal Blend) 홍차

홍차는 처음에 영국에서 발달하였기 때문에 영국 왕실과 관련된 이름이 많으며, 왕실에 납품하는 블렌드라 로열 블렌드라고 하였다. 색이 진하며 밀크를 넣어 마신다.

### 브렉퍼스트(Breakfast) 홍차

어느 회사에서나 거의 변함없이 파는 홍차는 브렉퍼스트이다. 이 홍차는 파쇄

유명 홍차 모음(이순애 소장품)

된 실론차를 기본으로 하고 경우에 따라서는 인도차를 블렌드한 것으로, 고급 차라고 할 수는 없지만 차가 빨리 우러나오고 색감이 진한 것이 특징이다.

잉글리시 브렉퍼스트는 영국인들의 아침식사에는 물론이고, 다른 나라에서도 통상 이른 아침이나 아침식사에 이용된다. 중급품이 많다. 다른 나라에서는 모닝(morning) 홍차라고도 하는데 밀크나 레몬을 넣어도 좋다.

### 애프터눈(Afternoon) 홍차

브랜드마다 배합이 다를 수 있다. 주로 인도의 아삼차나 다즐링차를 블렌드하거나 케냐산 차와 아삼차를 블렌드하여, 첫잔은 스트레이트로 마시고 둘째 잔은 밀크를 넣어 마시면 좋다. 비교적 부드러운 맛이 난다.

### 이브닝(Evening) 홍차와 애프터디너(After Dinner) 홍차

오후에 마시거나 저녁식사 후에 즐기는 홍차다. 과일향을 가미한 것을 택하거나 우아한 향기의 다즐링차에 양주를 넣어 마셔도 좋다.

## 중국인의 일상과 차

장족이 즐기는 수유차를 끓이기 위한 대형 물주전자, 화롯가는 추운 날씨에 손님 접대용으로 좋은 장소가 되기도 한다.

**11장**

# 세계의 차 풍습

운남성의 백족이 마시는 차 중에 차를 세 번 올린다고 하여 삼도차(三道茶)가 있다. 첫 번째 약간 쓰고 떫은맛의 차는 소년기에 해당한다. 두 번째 단맛이 나는 차는 중년의 달콤한 때를 의미한다. 세 번째 꿀과 견과류, 생강 등의 향신료가 들어가 여러 가지 맛을 내는 차는 노년기를 상징하며, 달콤한 추억과 고생한 일들을 추억하는 한 잔이다.

# 나라마다 다른 차문화

차 생산국마다 토질이나 기후 및 만드는 방법 등이 달라 세계적으로 다양한 종류의 차가 만들어지고 있다. 마찬가지로 나라마다 차 풍습 또한 다양하다. 이 장에서는 차를 즐겨 마시는 나라들의 차 풍습을 살펴보기로 하자.

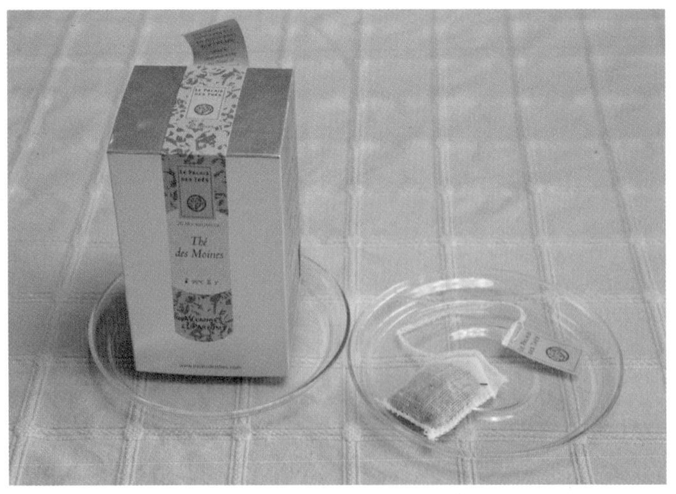


노르웨이 꽃향 블렌딩 차

중국의 용정차 외

일본의 차 모음

## 영국

영국은 세계에서 차를 가장 많이 소비하고 있는 나라 중의 하나이다. 영국은 인도나 중국 혹은 스리랑카에서 수입한 홍차를 가공하고, 블렌딩하여 세계의 홍차시장을 석권하고 있다.

영국인은 '티 타임'이라는 말을 사용하고 있다. 오전 6시의 어얼리 티(early tea, bed tea)로 하루가 시작되는데, 이 차만은 남편이 부인에게 만들어준다. 아침식사와 함께하는 브렉퍼스트 티가 있고, 오전 11시의 일레븐스 티(elevenses tea), 오후에 간식을 먹으면서 마시는 미디 티 브레이크(middy tea break)가 있다. 오후 4시의 티 타임은 부인들의 사교 시간이 된다.

그때는 정치 등 사회문제를 화제로 삼기보다는 여자다운 우아한 화제를 가지고 주로 얘기한다. 저녁식사를 마치고 여유 있게 마시는 차는 애프터디너 티(after dinner tea)이며, 잠자리에 들기 전에 나이트 티(night tea)를 마시는 것으로 하루의 티 타임이 끝난다.

포트에 끓는 물을 넣어 포트를 데운 후 물을 버리고 여기에 홍차를 사람 수만큼 넣고 1스푼 더 넣는 것이 맛을 내는 비결이다. 물이 끓고 있는 주전자가 있는 곳에 포트를 가지고 가서 끓는 물을 붓고 그냥 마시든지, 찬 밀크를 넣으면 맛이 한결 부드러워진다. 그 이유는 차의 탄닌과 우유의 단백질이 결합하여 불용성 물질을 형성해서 떫은맛을 감소시켜주기 때문이다. 그러나 크림은 지방이 너무 많기 때문에 넣으면 홍차 맛이 감소된다.

차를 우리는 시간은 2~5분가량이다. 대체로 좋은 차는 빨리 우리고, 값이 싼 차는 오래 우린다고 한다(닐기리나 스리랑카의 차는 2~3분, 블렌딩 차는 3~4분). 그러나 좋은 차라도 다즐링같이 찻잎의 크기가 큰 것은 시간이 좀 걸리므로 4~5분 동안 우린다. 설탕이 필요한 사람은 백설탕을 넣는다.

영국에서는 하루 내내 티 타임이 계속되지만 오전 6시의 베드 티를 제외하고는 부인이 차 서비스를 한다. 포트는 부인의 전용기구로 남편이 가지고 다니는 일은 거의 없다. 스리랑카나 인도 사람들과 마찬가지로 영국인도 홍차에 레몬을 거의 넣지 않는다.

홍차의 향기 성분 중에는 꽃향기를 나타내는 재스민 락톤, 메틸 재스모네이트 이외에 레몬향의 구성 성분과 동일한 것이 몇 가지 있다. 하급 홍차에 레몬을 넣으면 향기가 좋아지나 좋은 홍차에는 오히려 역효과를 낸다.

영국에서는 홍차에 레몬을 얹어 손님에게 내면 '이 홍차는 품질이 좋지 않은 차'라는 의미가 된다고 한다. 그러나 이것은 어디까지나 차의 향기만에 국한된 얘기이고, 홍차에 레몬을 넣음으로써 산뜻한 신맛을 즐길 수도 있다.

## 중국

"과연 차 문화의 발상지이구나"라고 할 정도로 중국은 차의 종류가 다양하다. 슈퍼마켓이나 차 전문점에는 차의 종류가 너무 많아 고르기가 힘들 정도이다. 복건성과 광동성 지역에서는 주로 우롱차를 마시고 양자강 이남에서는 녹차나 홍차를 마시며, 산동성 이북에서는 재스민차를 주로 마신다.

차의 종류와 지역에 따라 차를 마시는 풍습이 다양한데, 외국인들에게 특히 알려진 것으로는 부분발효차인 우롱차를 꼽을 수 있다. 중국인들이 지방분이 많은 중국요리를 부담 없이 먹을 수 있는 것은 우롱차의 덕택이라고 한다. 우롱차의 다기세트를 보면 매우 특이하다. 다관과 조그마한 찻잔이 받침그릇 안에 함께 들어 있다. 우롱차의 찻잔은 작은 것이 특징인데 받침그릇의 높이는 찻잔의 높이와 같다.

맛있는 우롱차를 우리려면 다관과 찻잔에 뜨거운 물을 부어 데운 후 물을 버리고 다관에 찻잎을 넣고 뜨거운 물을 부어 2~3분 기다린다. 다관 위로도 뜨거운 물을 계속 부어 다관이 식지 않도록 한다. 이때 부은 물이 받침그릇 안에 모이게 한다. 찻잔에 넣었던 물을 받침그릇에 붓고 찻잔에 차를 나누어 마신다.

상해에서 유명한 '호심정'이라는 찻집에 가보니 1층에서는 다구 등을 판매하고 2층에서는 차를 판매하였다. 그 찻집에서는 투박한 찻잔에 찻잎이 들어 있는 채로 뜨거운 물을 부어주었다. 차와 함께 따라 나온 것은 육우가 쓴 《다경》을 본뜬 축소판 책자와 우리나라의 맥주 안주를 연상하게 하는 마른 새우와 콩제품 등이었다. 한쪽에서는 일정한 시간이 되니 남성들에 의해 구성된 연주팀이 중국의 전통악기를 연주하였다. 중국에서는 어디를 가나 식사 때마다 어김없이 차를 볼 수 있었다.

중국에는 수많은 소수민족이 있는데, 소수민족의 차 문화도 제각각이다.

운남성의 고산지대에 사는 티베트 민족인 장족이 즐기는 수유차(suyoucha)는 찻잎을 주전자에 넣고 끓인 뒤 야크 젖으로 만든 버터와 소금 등을 넣은 긴 나무통에 차를 부은 후 나무봉으로 펌프질을 하여 만든다. 장족마을은 고산지대에 있어 날씨도 춥고 고산증세도 나타나는 곳이어서 몸을 따뜻하게 하는데 이 차가 도움이 된다.

필자도 여행 중에 수유차를 경험했는데 수유차를 마실 때는 신맛이 나는 요구르트를 식성에 따라 설탕을 가미하고 여러 종류의 빵을 곁들여 먹었으며, 수유차에 우리나라의 미숫가루와 같은 볶은 곡류가루를 첨가하기도 했다. 각종 향신료가 혼합된 매콤한 양념도 같이 먹도록 준비되어 있었다. 화로 위에는 대형 물주전자에서 물이 끓고 있었고, 화롯가는 손님 접대용으로 좋은 장소가 된다고 하였다. 수유차는 짭잘한 맛이 있으나 맛있는 밀크 티와 유사하여 전혀 거부감이 들지 않았고 빵들도 맛있었다.

운남성의 대리에 살고 있는 백족이 마시는 차 중에 삼도차(三道茶) 있는데, 차

장족이 즐기는 수유차

를 세 번 올린다고 하여 삼도차라고 한다.

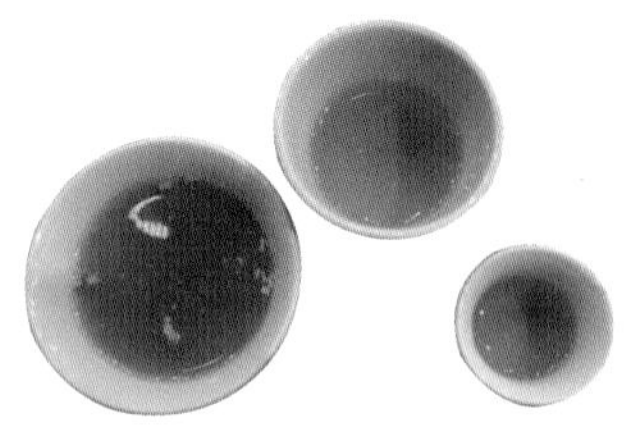
백족의 삼도차

첫 번째 차(頭道茶)는 중작 이상의 녹차 맛처럼 약간 쓰고 떫은맛의 차다. 이는 인생에 있어 소년기에 해당하는 맛이며, 사람이 성장하기 위해서는 이 차의 맛처럼 다소 고생도 따른다는 의미가 있다고 한다. 찻잔은 작은 편이다.

두 번째 차(二道茶)는 단맛이 나는 차다. 적당량의 흑설탕과 호두 조각을 띄워 마신다. 이는 중년의 달콤한 때를 의미한다고 한다.

세 번째 차(三道茶)는 꿀과 여러 가지 견과류 및 산초, 생강 등의 향신료가 들어가 여러 가지 맛을 낸다. 이는 노년기를 상징하는 차며, 달콤한 추억이나 고생한 일들을 추억하는 한 잔이라고 한다.

중국 항주의 양암산 다원

## 일본

일본도 차의 종류와 계절 그리고 지역에 따라 차를 마시는 풍습이 다양하지만 녹차가 대중화되어 있다. 일본에는 다도에 이용되는 말차, 산뜻한 맛과 향기를 가진 옥로와 전차, 부담 없이 마실 수 있는 번차, 식당에서 나오는 호우지차 등이 있다.

일반 가정에서는 숙우(잎차형 탕수를 식히는 사발)를 사용하지 않고 다관에 차를 넣고 끓인 물을 넣어 차가 우러나오면 따라 마시는 간편한 방법을 따르고 있다. 그러나 다도에서는 격식을 모두 갖춘다.

문인들이 모여서 마시는 문인전법(文人煎法)은 다관받이(다관 높이의 약 1/2이 되는 그릇)가 있어서 다관에 찻잎을 넣고 뜨거운 물을 가득 담아 뚜껑을 닫고 다관의 물이 빨리 식지 않도록 뚜껑 위로도 끓는 물을 계속 붓는 것이 특징이다.

흐르는 물은 다관받이에서 받으나 찻잔은 들어 있지 않다. 찻잔은 사람 수만큼 쟁반에 일렬로 세운 후 차를 차례로 부어 나간다. 물 붓는 것이 끝나면 한 잔씩 찻잔에 받쳐 손님에게 권한다.

일본의 차 산지인 시즈오카 현이나 후쿠오카 현에 가면 관광객이 입장료를 내고 다실에서 차를 즐길 수 있는 곳이 여러 군데 있다. 차 체험랜드 혹은 티 월드(tea world)라는 곳이 있어 차 제조공정을 견학할 수 있는데, 차를 만드는 계절에는 차를 직접 만들어보거나 차가 들어간 식사를 즐길 수 있으며 차를 구입할 수도 있다.

이 모든 것과 아울러 차의 역사와 종류 및 제조공정 등을 한눈에 볼 수 있도록 전시장까지 마련된 차문화관이나 차명관(茶茗館)을 운영하여 관광코스로 하는 등 차를 생활화하고 있다. 또한 차축제도 개최하여 다도 시범 및 심포지엄이 열리기도 한다. 녹차를 전문적으로 연구하는 곳도 몇 군데 있다.

일본의 전통 다도실에 들어가는 문은 매우 좁아서 옛날에는 사무라이들도 칼을 벗어놓고 들어갔다고 하는데, 이것은 '다도가 만인 앞에 평등하다'는 뜻이라고 한다. 녹차가 이처럼 생활화되어 있지만 최근에 자판기의 보급 등으로 인해 젊은 층들은 차를 끓여 마시기보다 캔이나 용기에 들어 있는 것을 사먹는 경우가 많아졌다. 특히 중국으로부터 수입된 우롱차가 일본 여성들에게 다이어트 음료로 각광을 받고 있다.

일본에서는 녹차의 소비량이 조금씩 감소하는 대신에 우롱차의 소비가 급격히 늘어 전체 소비량의 절반 이상을 우롱차가 차지하고 있다. 녹차의 건강증진

일본의 전통 찻집

효과가 과학적으로 밝혀지면서 좀 더 효용성 있게 녹차를 이용하기 위해 찻잎을 가루로 만들어 식용하는 방법이 널리 활용되고 있다.

## 대만

대만에는 약 200여 년 전에 중국의 복건성에서부터 차가 유입되었다고 한다. 여기에는 복건성 일대로부터 새로운 품종과 제조기술이 도입됨과 더불어 차의 재배와 육종에 관한 전문가들이 이주해온 데서 기인하고 있다고 한다.

기후적으로 차 재배에 적합한 아열대 지역에 위치해 있는 관계로, 대만에서 차는 중요한 농산물이다. 대만은 차의 재배면적도 비교적 넓고 재배 지역도 표고 1,500미터까지 분포되어 있다. 기후 특성상 고산지에서 재배된 차가 향미가 뛰어나 고급 차로 각광받고 있다.

대만에서는 위생적이고 차 침출이 간편하다고 하여 티백 형태의 소비가 늘고 있다. 특히 학생들을 비롯한 젊은 층에서 티백과 캔차를 선호하며 타이베이나 타이난과 같은 대도시에서는 차 쉐이크 음료가 널리 이용되고 있다. 거의 모든 차 쉐이크 상점들이 차 쉐이크 음료를 진열해놓고 있으며, 차 쉐이크의 제조에 홍차뿐만 아니라 녹차, 재스민차, 포종차, 우롱차가 이용되고 있다.

대만성차업개량장(臺灣省茶業改良場)이 있어 차 산업의 현대화 및 기술지도 등을 전담하고 있다. 대만은 과학기술을 동원하여 차 산업을 발전시켜 경제적으로도 중요한 몫을 차지하고 있다. 아울러 다예(茶藝)와 관련된 문화행사 등을 지속적으로 열어 국민의 정서함양의 차원에도 그 비중을 두고 있는 점이 매우 부럽다.

## 러시아

러시아는 홍차의 대소비국이지만 차 풍습은 영국과 조금 다르다. 영국처럼 차로써 사람을 초대하는 일은 없다. 그러나 가정의 식탁에는 항상 사모바르(samovar : 러시아 전래의 특유한 기구로서 물을 끓이는 데 쓰며 금속 제품과 도자기 제품이 있다)라는 대형의 주전자와 포트, 찻잔이 준비되어 있다. 포트를 따뜻하게 보온하기 위해 커버를 덮어둘 때도 있다.

마시는 방법은 우선 포트에 진한 홍차를 만든다. 이것을 찻잔에 1/4가량 넣고 사모바르의 꼭지를 틀어 뜨거운 물을 부어 농도를 조절해가며 묽게 한다. 마실 때는 레몬을 넣기도 하지만 벌꿀이나 잼 등을 넣는 경우가 많다. 날씨가 추우니까 뜨거운 것을 후후 불면서 잼을 혀로 핥아가면서 마시는 경우도 있다. 비스킷에 잼을 발라 같이 먹기도 한다.

러시아에서는 벌꿀 등 첨가물을 많이 넣으므로 홍차 특유의 향기를 즐긴다기보다 차 카페인의 각성작용만을 즐기는 결과가 되는 것 같다.

각 가정마다 사모바르의 물은 항상 뜨겁게 준비되어 있고, 몸을 따뜻하게 하기 위해 럼주나 보드카를 차에 넣어 마시는 일도 있다. 달리는 열차에도 항상 뜨거운 홍차가 준비되어 추위를 덜어주고 있다.

## 티베트

티베트에서는 차에 버터를 넣어 마신다. 운남지방에서 생산되는 찻잎을 쪄서 긴압차(덩어리차)를 만들고, 이것을 잘라 차를 끓이고 나서 찻잎은 걸러낸다.

소금과 버터, 깨, 호두 등을 넣은 나무통에 찻물을 붓고 나무봉으로 섞어서 마신다. 티베트인들은 이 버터차를 나무그릇(木椀)에 넣어 두고 하루에 20~30잔을 마신다.

버터차는 맛이 강해서 익숙하지 않은 사람들은 마시기 좋지 않지만, 추위가 심한 고원생활에는 삶의 활력을 주는 차이다.

## 몽골

몽골인들은 긴압차를 잘라 솥에 넣고 끓인 후, 찻잎을 거르고 난 다음 소금과 양젖을 넣어 마신다. 이것을 양차(羊茶)라고 한다.

티베트의 버터차와 닮았지만 양이나 염소고기를 즐겨 먹는 몽골인들은 이 양차에 육류를 넣어 삶아 먹기도 한다. 차는 육류를 부드럽게 해주고 특이한 냄새도 제거하는 역할을 한다.

몽골 사람들은 채소의 섭취량이 많지 않은데 차를 마심으로써 비타민도 보급하고 육식에 의해 몸이 산성화되는 것을 중화시키는 데도 도움이 되니 매우 과학적이라고 할 수 있다.

## 미얀마

미얀마에는 야생의 찻잎을 유산 발효시켜 김치처럼 숙성시키는 소수민족이 있다. 옛날에는 부족의 축제 때나 손님이 왔을 때 귀중한 음식으로 대접하였으나, 요즘은 시장에서 식료품으로 팔리고 가격도 싸다고 한다.

가정에서는 큰 접시의 가운데에 이것을 담고 가장자리에 깨, 기름, 마늘, 소금, 콩, 땅콩, 생강, 마른 새우 등을 준비하여 같이 먹는다.

## 태국

태국, 미얀마, 라오스와의 국경지대에 사는 산악 민족에게는 미엥(miang)이라고 하는 씹는 차가 전해지고 있다. 야생 차나무 잎을 모아 돌로 눌러 발효시켜 바나나 껍질에 싼 것이다.

태국 사람들은 이것을 껌처럼 씹기도 하고 껍질 안의 차를 꺼내어 불에 쬐어 건조시킨 후 열탕에 넣어 찻물에 소금을 넣어 마신다.

## 우크라이나

우크라이나는 과일이 풍부한 나라로 잼과 마멀레이드를 홍차와 같이 즐긴다.

즉 진하게 우려낸 홍차에 레몬을 띄우고, 잼이나 마멀레이드는 다른 접시에 담아 낸다.

## 터키

실크로드의 종착역이라 불리어지는 터키에는 예로부터 홍차가 사랑을 받아왔다. 19세기 말에는 도시의 유복한 사람들이 즐겨 마셨지만, 자국산 홍차가 대량으로 생산된 1970년대 이후로는 농촌 지역에서도 차를 즐길 수 있게 되었다.

한때 커피의 수입을 금지한 탓도 있으나 커피의 수입 금지가 해제된 지금도 홍차의 소비량은 매우 커서, 한 사람이 1년에 2kg 이상의 차를 소비하고 있다. 식사 후에도 항상 차를 마시고, 손님이 왔을 때도 케이크나 페스추리와 함께 차를 서비스한다.

터키인들은 홍차를 마실 때 꼭 2단으로 붙어 있는 포트를 준비한다. 아래쪽의 포트에 물을 넣고 뚜껑이 있는 위쪽 포트에 과일을 넣기도 한다. 아래쪽의 물이 끓으며 위쪽으로 가면서 진한 차가 우러나온다.

마실 때는 진하게 우려낸 홍차를 작은 유리잔에 따르고 포트 아랫부분에 뜨거운 물을 부어서 농도를 묽힌다.

이때 각설탕을 넣고 스푼으로 소리를 내면서 저은 후 마신다. 레몬이나 밀크는 넣지 않는다.

## 미국

미국의 아이스티는 유리잔에 얼음을 채우고 홍차를 넣은 다음 레몬을 얇게 저며서 띄워 마시는 것으로, 여름에 시원한 청량감을 느낄 수 있다. 또한 레몬은 차의 색깔에도 관여한다.

홍차의 찻물색을 내는 색소는 탄닌이 변화한 테아플라빈과 테아루비긴인데, 테아루비긴은 산성에 의해 적색이 밝아지는 성질을 가진다. 따라서 레몬을 넣으면 찻물색이 밝게 된다.

## 베트남

베트남도 차생활의 역사가 깊다. 그들은 일상생활에서 차를 즐긴다. 그들이 이용하는 찻잔은 작으며, 차를 뜨겁고 진하게 마시는 편이다.

손님으로 갔을 때 찻잔이 작더라도 한 번에 마시지 말고 향과 맛을 즐기면서 천천히 마셔야 한다. 차 과자나 우리나라의 다식 같은 것이 함께 나오는 경우가 많다.

## 호주

호주에서는 이미 1840년도에 공식적으로 애프터눈 티가 소개되고 있다. 아침 식사를 비교적 거창하게 하고 점심식사는 간단하게 하며, 저녁식사 시간이 8시 경으로 늦은 편이므로 애프트눈 티 시간이 중시되었다.

1890년대에 이미 가족끼리 하는 가든파티가 유행하였으며, 1913년부터는 학교에서 티파티가 열려 비교적 어린 나이에 차를 접하게 되었다. 1938년 시드니에서 차는 국가음료로 선포되었다고 한다.

최근에는 가정이 아니라 티룸에서 티 파티를 즐기며 케이크, 스콘 및 샌드위치와 함께 애프터눈의 가벼운 식사를 대신하기도 한다. 그래서 호주에서는 티 파티에 초대하는 의미를 식사 초대로 혼돈할 정도이다. 1950년 이래 호주에서는 다양한 인종과 문화 때문에 이들을 획일화하는 데 차가 큰 역할을 하고 있다.

부재료와 향을 블렌딩한 차류

다양한 소비자층을 상대로 기능성 부재료를 혼합한 차들(티젠)

**12장**

# 건강대용차의 효능과 종류

식물의 꽃, 잎, 열매, 껍질, 뿌리 및 줄기 등을 이용한 침출액을 마시는 것을 총칭하여 차라고 한다. 하지만 원칙으로는 동백과의 식물로서 학명을 카멜리아 시넨시스라고 하는 차나무의 어린잎으로 만든 것만을 '차'라고 한다. 그 외 약차, 건강차, 민속차 및 전통차 등으로 불리지만 차의 대용으로 이용된다고 하여 '대용차(代用茶)'라고 한다.

# 건강을 위한 대용차의 효능

식물의 잎, 꽃, 열매, 껍질, 뿌리 및 줄기 등을 이용한 침출액을 마시는 것을 총칭하여 차라고 한다. 하지만 일반적으로 동백과의 식물로서 학명을 카멜리아 시넨시스(*Camellia sinensis*. L)라고 하는 차나무의 어린잎으로 만든 것만을 '차'라고 한다. 그 외는 약차(藥茶), 건강차, 민속차 및 전통차 등으로 불리지만 차의 대용으로 이용된다고 하여 대용차(代用茶)라고 부른다. 서양에서는 허브차라는 이름으로 불리어진다.

차의 대용으로 사용되는 식물은 참으로 다양하다. 중국에서는 관목 등 목본(木本)류가 일본에서는 초본(草本)류가 대용차의 재료로 많이 이용되고 있으나, 우리나라에서는 양쪽을 잘 절충하여 다양하게 이용해왔다.

많은 재료가 대용차류의 재료로 사용되고 있지만 차라는 것은 기호식품이기 때문에 실제로 시판되는 제품이 되기 위해서는 기호도를 무시할 수가 없다. 그래서 대용차의 종류도 시대에 따라 변동이 있는 것 같다. 커피와 차(*Camellia sinensis*. L) 속에서 살아남기 위해서는 기호도와 기능성을 살린 제품들이 나와서 소비자를 만족시켜야 되지만 쉬운 일은 아니다.

본 연구에서는 국내에서 유통되고 있는 차 회사 중 대기업인 J사를 비롯하여 최근 다양한 대용차를 생산하고 있는 H사, S사 및 T사를 중심으로 시판되는 대용차류에 대해서 조사하고 그 성분과 효능을 제시하고자 하였다.

H사, S사는 이전에는 주로 차(*Camellia sinensis*. L)류를 생산하던 곳이었으나 현재는 소비자의 기호에 맞추어 다양한 대용차를 생산하고 있다. 대기업인 J사는 현재도 대용차보다는 주로 차(*Camellia sinensis*. L)류를 생산하는 곳이며, 다양한 소비자층을 의식하여 녹차 혹은 발효차를 기본으로 하여 향 또는 허브, 말린 과일 등을 부재료로 혼합한 차류를 주로 생산하고 있다.

T사는 차(*Camellia sinensis*. L)류, 허브차, 대용차를 단독으로 생산하기도 하고 다양한 소비자층을 상대로 기능성 부재료를 혼합한 아이디어 상품을 생산하고 있다. 제품 소재는 가능하면 국내산 재료를 사용한 차 위주로 조사하였으며, 차라는 이름으로 불리지만 유자청 등 액상으로 된 것과 허브차류는 포함시키지 않았다.

과일향이나 허브향을 블렌딩한 차들(설록차)

# 재료에 따른 대용차의 종류

## 잎을 이용한 대용차의 종류

잎을 이용한 대용차의 종류는 다음 표와 같다.

**茶 잎을 이용한 대용차**

| 종류 \ 회사 | H사 | J사 | S사 | T사 | 대표 성분 | 대표 효능 |
|---|---|---|---|---|---|---|
| 감잎 | 단독 | 단독, 혼합[1] | 단독 | 단독 | 비타민 C | 감기예방 |
| 연잎 | 단독 | 단독 | 단독, 혼합[2] | 단독, 혼합[2] | 알카로이드 | 면역력 증대 |
| 뽕잎 | 단독 | 혼합[4] | 단독 | 단독, 혼합[5] | 칼슘, 철분, 아연 | 혈압 강하 |
| 쑥 | 단독 | 혼합[6] | | | 비타민 A | 항산화 (노화방지) |
| 헛개잎 | 단독 | | | 혼합[7] | 암페롭신 | 숙취해소 |
| 두충 | | 혼합[8] | | | aucuvin | 자양강장 |

[1]다수 [2]연꽃, 연뿌리 [3]메밀, 페퍼민트 [4]다수 [5]다수 [6]다수 [7]다수 [8]다수

감잎차는 주로 봄에 나는 어린잎이나 늦어도 8월까지는 수확해야 하는 잎으로 제조하는 것으로 알려져 있다. 5~6월에 나는 어린잎에 비타민이 제일 풍부하다고 한다. 감잎은 매우 다양한 성분들을 함유하고 있으나 주성분은 비타민 C, 칼슘 및 탄닌 등이다. 감잎의 비타민 C는 열에도 비교적 안정하다. 비타민 C는 감기의 예방과 치료에 효과가 좋을 뿐만 아니라 여성들의 피부미용에도 매우 좋다. 탄닌은 고혈압이나 중풍에도 효과가 있다.

감잎은 탄닌이 많아 수확시기가 빠른 감잎이 맛이 순하기 때문에 바람직하나, 수확시기가 늦은 가을 감잎이라 할지라도 발효를 시키면 탄닌 성분이 불용화되며 항산화성도 유지되어 바람직하다.

연잎차는 단독으로 차가 제조되는 경우도 있고 혼합하여 사용되기도 한다. S사의 경우, 연잎차의 향미를 보완하기 위해 연꽃과 뿌리를 함께 사용하였다. 연잎차는 본 연구에서 제시한 4개 회사뿐만 아니라 연의 산지에서 차 제품으로 많이 생산되기도 한다. 연잎의 효능은 설사, 장염, 자궁출혈이나 코피 등의 출혈성 질환에 효과가 있다고 한다.

뽕잎차는 단독으로 차가 제조되는 경우도 있고 혼합하여 사용되기도 한다. 뽕잎차가 다른 차보다 좋은 이유는 칼슘, 철분 및 아연 등의 무기질 성분을 많이 함유하고 있기 때문이라고 한다. 뽕잎은 최근의 연구결과에 의하면 혈압 강하, 변비 완화 및 체중 감소 등의 생리활성을 나타내는 식물이지만, 단백질과 식이섬유가 풍부하다. 뽕잎차의 제조방법은 녹차와 유사하지만 덖음처리가 심하게 되면 off-flavor(이취)가 발생하여 제품의 질을 떨어뜨린다.

많이 덖은 시판품은 15종류의 알킬 피라진(alkyl pyrazine)류와 피롤(pyrrole) 2

종류 및 피리딘(pyridine) 2종류가 동정되어 이들은 지나치게 화근 내가 나는 요인이 되는 것으로 확인되었다. 어떤 제품은 풋풋한 향을 띄는 (*E*)-2-헥세날(hexenal), (*Z*)-3-헥세놀(hexenol), (*Z*)-2-헥세놀(hexenol) 및 헥사놀(hexanol) 등이 동정되어 이는 관능적으로 덖음처리가 부족하고 뽕잎을 단지 건조하여 분쇄한 것 같은 느낌을 주는 요인이 된 것 같았다.

향미가 좋은 제품에는 꽃향을 띄는 페닐 아세트알데하이드(phenyl acetaldehyde), 재스민 꽃향을 띠는 (*Z*)-재스몬(jasmone) 등이 함유되어 있었고 카로티노이드 색소류의 분해로 생성되는 건초나 약한 꽃향을 띄는 α-아이오논(ionone)과 β-아이오논(ionone)이 동정되었다.

쑥차는 특정한 회사에서 생산되며 J사에서는 산야초 믹스 제품에 혼합되어 있었다. 쑥차는 여성 건강에 좋은 것으로 알려져 있다. 즉 혈액순환을 원활하게 하고 생리통의 진통을 완화해준다고 한다. 쑥에 함유되어 있는 쯔존(thujone)은 독성이 있다. 쑥에는 3월, 4월 및 5월의 수확시기별로 정유 성분 중 쯔존이 17%, 1.5% 및 1.1% 들어 있어 쑥을 약 등으로 사용할 때 수확시기가 늦은 것을 사용하는 편이 좋다고 한다. 쑥차로 가공하면 이 성분은 거의 없어진다.

헛개잎차는 특정회사의 음료로 주로 판매되고 있으나 차 형태로는 H사에서 단독으로, T사에서는 헛개나무 열매와 더불어 다수의 재료를 혼합하여 제조되고 있다. 헛개나무 열매를 한방에서는 지구자라고 하여 차로도 이용된다. 지구자나 나무의 성분이 숙취에 효과가 있다고는 하나, 예방에 좋으며 간장병에 좋다고 하여 오용 또는 남용하는 것은 바람직하지 않다고 한다. 또한 채취시기에 따라서는 약효도 없으며 오히려 독이 되기도 한다고 한다.

두충은 두충과(Eucommiaceae)에 속하는 낙엽교목(喬木)으로 우리나라에서 재배되는 약용식물로서, 그 수피는 여러 가지 약리작용을 한다. 두충의 잎도 약효 성분이 있다고 하여 오래 전부터 차로 이용되어 왔다. 그러나 기호성 때문인지 단독으로 차로 판매되지 않고 있으며 산야초 믹스 제품에 혼합되어 있었다.

## 과일, 종자류를 이용한 대용차

과일, 종자류를 이용한 대용차의 종류는 다음 표와 같다.

**茶 과일, 종자류를 이용한 대용차**

| 종류 \ 회사 | H사 | J사 | S사 | T사 | 대표 성분 | 대표 효능 |
|---|---|---|---|---|---|---|
| 귤피 | 단독 | 혼합[1] | 단독, 혼합[2] | 혼합[3] | 헤스페리딘 | 혈압 강하 |
| 오미자 | 단독 | | 단독 | 단독 | 유기산 | 피로회복 |
| 구기자 | 단독 | | 단독 | | 베타인 | 혈액순환 |
| 헛개나무 열매 | | | 단독 | 혼합[4] | 암페롭신 | 숙취 해소 |
| 결명자 | | | 단독 | | 안트라퀴논 유도체 | 혈압 강하 |
| 옥수수 | | | 혼합[5] | 혼합[6] | 칼륨 | 나트륨 배출 (혈압강하) |

[1]홍삼 [2]다수 [3]다수 [4]다수 [5]옥수수수염, 둥굴레 [6]옥수수수염

귤피차는 향기가 좋아서인지 단독 혹은 혼합으로 사용되고 있다. 감귤류의 과피와 과실은 예로부터 진피, 귤피, 지실, 지각 등의 이름으로 한방약이나 생약의 원료로 사용되고 있다. 밀감 껍질에 함유된 나리진(naringin)은 바이오플라보노이드(bioflavonoid)로서 주로 주스의 쓴맛을 내며, 항세균작용 및 암세포 증식 억제작용 등이 알려져 있으며, 비타민 P의 일종인 헤스페리딘(hesperidin)은 모세혈관에 대해 투과성의 증가를 억제하여 동맥경화, 고혈압 예방, 위장병, 부종 및 어패류 중독에도 효과가 있다고 알려져 있다.

감귤 특유의 향기 성분인 리모넨(d-limonene)은 사람의 중추신경 흥분을 진정시켜주며 항암작용이 있는 것으로 알려져 있다. 국내산 건조밀감에 들어 있는 많은 화합물은 리모넨(limonene)으로 62.03%를 차지하였으며, 이는 미칸(mikan, 88.04%), 오렌지(orange, 88~90%) 및 유자(yuza, 77~80%) 등 다른 종류의 감귤류에 함유된 리모넨(limonene) 함량보다 약간 낮은 편이다.

한방에서는 비와 폐의 기운을 조절한다고 하였다. 즉 식후 소화불량을 해소하고 기침가래 및 기미에 효과가 있다고 한다.

오미자차는 산지에서 많이 생산되는 차이며 J사를 제외하고 단독으로 생산된다. 오미자는 오미자과의 낙엽활엽관목의 열매인데 이삭 모양으로 늘어지며 8~9월에 붉게 익는다. 다섯 가지 맛이 난다고 하여 오미자(五味子)라는 이름을 붙였는데, 우려낸 색깔이 매우 곱다. 약 0.3%의 정유 성분이 있으며 중요한 정유 성분은 시트랄을 포함하는 세스키 테르펜이다. 산지별로 정유 성분을 분석하면 지역에 따라 향이 다소 다르기도 하다. 유기산으로는 사과산, 구연산 및 주석산이 있어 신맛을 낸다.

효능으로는 동물실험을 통한 약리작용으로 혈압 강하작용, 간장의 해독기능 강화, 어느 정도 간염의 치료 효과 등이 있다. 한방에서의 효능은 폐(肺)를 보하고 신(腎)을 돕는 중요한 약이며 기침과 해소에도 효과가 있다고 한다. 민간요법으로 달여서 계속 마시면 당뇨병에 효과가 있고, 인삼과 동량을 달여 마시면 건강한 생활을 할 수 있다고 한다.

구기자차는 H사와 S사에서 단독으로 판매되고 있다. 구기나무는 가지과에 속하는 낙엽활엽관목이다. 여름에 자주색 꽃이 피고 붉은색 열매는 구기자(拘杞子)라고 하는데, 가을에 채취하여 말려 사용하며 성질은 차고 맛은 쓰다.

주요한 성분 중에 아미노산 중 베타인(betaine)이 약 0.1%가 들어 있고 비타민 A, B 및 C와 무기질 중 칼슘과 철분이 많다. 색소 중에는 제아잔틴, 카로틴 등이 있다. 구기자의 효능은 혈액순환을 원활하게 하고 콜레스테롤 및 혈당치를 저하시키며 강장제 및 해열제의 효과와 건위(健胃)의 용도로도 쓰인다. 우리나라에서는 고문헌인 산림경제(1715)에 이미 전통차로 구기자차를 마셨다는 기록이 있다.

결명자차는 통상 재래시장이나 마트 등에서 구입하는 사례가 많아서인지 제다회사에서 판매하는 경우는 드문 것 같았다. 콩과에 속하는 일년초인 결명초는 활 모양으로 굽은, 길이 15cm가량의 깍지 속에 능방형의 종자가 일렬로 배열되는데, 이 종자를 한방에서는 눈이 밝아진다고 하여 결명자(決明子)라고 하였다.

중요 성분으로는 약효 성분인 안트라퀴논 유도체 및 그 배당체와 나프도하이드론 유도체가 있다. 효능은 과학적인 연구 결과로는 안트라퀴논 유도체 때문에 혈압 저하, 완하제, 위가 약한데 좋다고 하고 현대의 한방에서는 충혈된 눈이나 피곤한 눈에 효과가 있으나 노안과는 무관하다고 한다. 또 한방에서 속에 열이 많고 열이 얼굴에 달아오르는 사람은 적합하고 속이 냉한 사람에게는 맞지 않다고 한다. 노인의 변비나 고혈압에도 효과가 있다고 한다.

옥수수는 화본과(禾本科)의 일년생 초본으로 종류도 매우 다양하다. 주성분은 당질이며 포도당이 조금 들어 있다. 칼륨과 철분, 섬유질 및 리놀산이 있다. 볶으면 생성되는 구수한 향과 약한 단맛 때문에 가정에서 식사 후의 음료로 많이 이용된다.

칼륨은 나트륨을 배출시켜 고혈압에 좋으며 리놀산도 혈압 강하의 효능이 있다. 시판품에는 옥수수 수염과 혼합하여 판매되는데 옥수수 수염은 질산칼륨 등을 포함하여 이뇨작용을 한다. 신장기능을 촉진하고 방광염에 효과가 있으며 전립선 비대증에도 효과가 있다.

## 꽃을 이용한 대용차의 종류

꽃을 이용한 대용차의 종류는 다음 표와 같다.

**茶 꽃을 이용한 대용차**

| 종류 \ 회사 | H사 | J사 | S사 | T사 | 대표 성분 | 대표 효능 |
|---|---|---|---|---|---|---|
| 국화 | 단독 | 단독, 혼합[1] | 단독 | 단독, 혼합[2] | 비타민 $B_1$ | 눈의 피로회복 |
| 매화 | 단독 |  | 단독 | 단독 | 정유 성분 | 기분전환 |
| 연꽃 |  |  | 혼합[3] |  | 정유 성분 | 지혈작용 |
| 장미 |  | 단독 |  | 단독, 혼합[4] | 정유 성분 | 기분고조 |

[1]녹차 [2]다수 [3]연잎, 연뿌리 [4]로즈힙, 히비스커스

국화차는 감국(*Chrysanthemum indicum* L.)만 식약청에서 식용이 허락되고 있다. 단독으로 차를 만들기도 하고 부재료로 사용되기도 한다. J사에서는 녹차와 1:1로 혼합한 제품이 생산되고 있으며 다수의 다른 부재료들과 혼합하기도 한다. 성분으로는 비타민 $B_1$과 E, 아미노산류 및 플라본류가 있다. 비타민 $B_1$은 시신경기능의 활성화, 눈의 피로를 해소시키고 각종 아미노산류는 피로회복작용과 플라본류는 활성산소 억제 및 혈액촉진에 도움이 된다. 민간에서는 주로 두통약으로 사용되고 고혈압과 중풍에도 사용하고 있다.

매화차에 관한 기록은 이미 1766년 증보산림경제에서 볼 수 있다. 매화나무는 낙엽활엽교목으로 꽃을 건조하여 차로 이용한다. S사에서는 2월 말에서 3월 초에 피기 시작한 청매화, 홍매화 및 토종 매화꽃을 채취하여 차를 만들어 10g 단위로 포장하여 판매되고 있다. H사에서도 유사하게 6g 단위로 판매하고 있다.

차를 우릴 때는 일인용 2~3송이를 다기에 담아 뜨거운 물을 부어 30~40초 우린 후 마신다. 단독으로보다는 녹차를 우려 마실 때 매화 꽃봉오리 한두 송이를 띄워 마시면 운치가 있다. 민간에서는 미용 효과, 숙취해소 및 이뇨작용 등의 효능이 있다고 전해진다. 연꽃은 통상 사찰을 중심으로 녹차에 백색 연꽃을 착향한 것이 전해오고 있는데 이것을 백련향차라고 한다.

이전의 제조법은 연꽃의 꽃봉오리를 헤쳐 열고 차 한 웅큼을 꽃술 속에 넣고 삼껍질로 묶은 채 하룻밤 두었다가 다음날 차를 끄집어내어 종이에 싼 차를 건조시킨 후 다시 다른 꽃술에 넣기를 여러 차례 반복하여 불에 말린 차를 달이면 매우 좋은 향기가 난다고 하였다. 상품으로 드물게 연꽃차가 판매되는 곳도 있는데 건조한 연꽃을 20g 단위로 포장하고 있다. 연꽃의 효능은 강장, 지혈약, 야

뇨증 및 부인병에 약효가 있고, 한방에서는 어혈을 풀어주며 각종 출혈증의 치료에 효과가 있으며 어지럼증을 치료한다고 한다.

J사에서는 이란산 건조 식용장미를 이용한 제품을 30g 단위로 포장하여 판매하고 있다. T사에서는 장미와 콘셉트가 잘 맞는 로즈힙이나 히비스커스 등의 허브류를 혼합한 장미차를 판매하고 있다. 녹차를 마실 때 몇 송이 띄워도 좋다. 중세유럽에서는 장미잎을 다른 향료식물과 마찬가지로 집 안의 공기를 정화시키는 데도 사용하였는데 이는 향료의 강한 살균력 때문이다. 장미(Rose)의 중요성분은 정유 성분이며 페닐에칠알코올, 제라니올, 시트로네롤 및 리나롤 등으로 구성되어 있다. 장미향은 여성 신체의 리듬을 정리해주는 역할을 한다. 마음이 우울하거나 가라앉아 있을 때 사용하면 효과가 있다.

장미꽃차

라벤더

꽃차 모음

## 뿌리, 줄기를 이용한 대용차

뿌리 및 줄기를 이용한 대용차의 종류는 다음 표에 제시하였다.

**뿌리 및 줄기를 이용한 대용차**

| 종류 \ 회사 | H사 | J사 | S사 | T사 | 대표 성분 | 대표 효능 |
|---|---|---|---|---|---|---|
| 도라지 | 단독 | | 단독 | 단독 | 사포닌 | 거담, 진해 |
| 둥굴레 | 단독 | 혼합[1] | 단독 | 혼합[2] | 배당체 | 혈당 강하 |

[1]다수 [2]민들레

건조 도라지차는 3개의 회사에서 단독으로 판매하고 있다. 도라지뿌리를 길경이라고 하는데 당질과 섬유소가 많고 칼슘과 철분이 풍부하다. 당질은 이눌린의 형태이며, 알카로이드와 배당체도 있으나 사포닌 성분 때문에 약용가치가 높다고 한다. 그 약효 때문에 호흡기 질환에 두루 사용된다.

우리 식생활에 언제부터인가 숭늉과 매우 닮은 구수한 향미가 나는 둥굴레차라는 것이 들어오게 되었다. 단독으로 제품이 되기도 하고 구수한 향을 부가시키기 위해 혼합용 부재료로 사용되기도 한다. 둥굴레는 백합과의 다년초로 그 뿌리는 위유, 옥죽으로 불리며 우리나라에 자생하는 둥굴레속 식물도 20 여 종이 된다. 뿌리(땅속 줄기)를 주로 이용한다.

성분으로는 당질(포도당, 과당), 아미노산, 점액질로 이루어져 있다. 배당체인 디오스제닌, 스테롤 약리 성분인 콘발라마린, 콘발라린이 있다. 구수한 향기·성분이 숭늉과 같은 성분인지 궁금하여 필자의 실험실에서 정유 성분을 분석한 결과, 볶은 둥굴레차에는 숭늉에도 있는 성분인 구수한 향에 기여하는 알킬 피라진류가 많았다. 약효는 허약체질의 자양강장 및 항당뇨제로 사용되기도 한다.

조사한 내용을 마무리하면 우리나라에서 예로부터 전해 내려오는 전통차는 많지만 의외로 판매되는 종류는 많지 않았다. 또한 성분이나 효능검증에 있어서도 과학적인 연구가 체계적으로 잘 이루어지지 않은 것이 사실이다.

음료를 마시는 목적이 단지 갈증을 해소하거나 인체가 하루에 필요한 수분을 공급하는 일에 거친다면 단순하게 물을 마시면 되지만, 생활의 여유가 생김에 따라 마시는 것에 대한 기호 욕구가 증가하고 기능성도 고려하게 되었다. 더 많은 전통차의 발굴과 더불어 과학적인 성분 분석, 효능검증과 아울러 현대인의 취향에 맞는 소비자의 욕구를 채울 수 있는 다양한 제품개발이 이루어져야 할 것이다.

(이 내용은 동의대학교 항노화연구소 논문집 제9권에 실린 저자의 논문을 편집한 것이다).

# 대용차로 마시는 둥굴레차와 감잎차

세계 각국에서는 그 지역에서 자라거나 생산되는 식물의 잎, 꽃, 종자, 줄기 및 나무껍질 등을 이용하거나 그 밖의 다른 자연소재로 만든 대용차들을 많이 이용하고 있다.

서양에서는 이런 대용차를 주로 허브 티라고 한다. 이런 차들은 특정한 질병에 좋다고 해서 민간약으로 사용되어 왔기 때문에 건강차 혹은 약용차란 이름으로 전해 내려왔다. 또한 기호도가 높아서 전해 내려오는 민속차도 있고, 경제성 때문에 커피나 차의 대용품으로 사용되어지는 예도 있다.

현재 상품화되어 시판되고 있는 대용차들이 있다. 그러나 아직은 녹차나 홍차, 우롱차에 비해 연구된 것이 부족한 탓에 효능이 많이 밝혀지지 않아 소비량도 적다. 하지만 일부 대용차는 많은 사람의 관심을 끌며 소비가 되고 있고 연구도 진행되고 있다.

요즘은 많은 음료가 앞다투어 기능성을 강조하며 홍보하고 있다. 차의 경우는 잎이나 식물체의 어떤 부분을 우린 액을 마시게 된다. 잎 자체의 성분을 분석해

보면 영양 성분이나 기능성 성분이 우린 액보다 월등하게 많다. 따라서 차에는 각종 성분이 식물체 자체에 들어 있는 양보다는 적게 들어 있다. 녹차, 홍차, 우롱차는 말할 것도 없거니와 건강차라고 해서 질병을 치료하는 약으로 생각하는 편중된 사고는 바람직하지 않다.

자연을 소재로 위생적으로 만든, 자기 몸에 맞는 차를 선택하여 바른 식생활과 더불어 자연스럽게 물 대신에 섭취하는 기분으로 마시는 것이 좋을 것이다. 또한 심신이 피로할 때 피로를 풀어줄 수 있는 기분 좋은 기호음료로 생각하는 것이 바람직할 것이다.

둥굴레차와 감잎차는 대용차로 꾸준히 사랑받고 있다.

## 둥굴레차

둥굴레(*Polygonatum* sp.)는 전국 각지에서 자생하는 백합과의 다년생 식물로서 일본, 중국 등지에도 분포한다. 그 뿌리는 위유, 옥죽 등으로 불리며 용둥굴레, 왕둥굴레, 산둥굴레, 각시둥굴레 등 우리나라에 자생하는 둥굴레속 식물은 20여 종이나 된다. 서양에서도 이것을 '솔로몬의 증표(Solmon's Seal)'라 하며 신비스러운 약초로 여겨왔고, 중국에서도 효험이 있는 영약으로 취급되어왔다.

둥굴레는 뿌리(땅속줄기)를 주로 이용하며 한방과 민간에서 자양강장 및 병후허약 등의 질병을 예방하고 치료하는 데에 사용해왔다. 엄밀하게 따지면 둥굴레의 종류에 따라 성분과 약효가 약간 다를 수가 있지만, 뿌리에 들어 있는 성분은 대부분 전분이고 당, 아미노산, 배당체인 디오스제닌(diosgenin), 스테롤(sterol)과 점액질도 있다.

둥굴레류는 전국적으로 분포되지만 주로 지리산 일대에서 자생하는 둥굴레의 뿌리를 이용한 차가 상품화되어 많이 유통되고 있다. 둥굴레차는 제조공정에서 높은 온도로 덖어주기 때문에 덖는 과정에서 숭늉처럼 구수한 냄새가 생성된다. 그 구수한 향기가 우리나라 사람들의 기호에 맞아 매년 그 생산량과 소비량이 늘고 있는 추세이다. 현재 둥굴레의 인공재배와 향미 및 효능에 대한 과학적인 연구가 이루어지고 있다.

필자는 둥굴레차에서 구수한 냄새를 내는 성분이 숭늉의 성분과 같은 것인지 궁금했다. 그래서 지리산 일대에서 생산되는 둥굴레차 시판품으로 향미 성분을 분석하고 그 향미 성분이 어떻게 생성되는지 알아보았다.

향기 성분을 분석한 결과 2,6-디메틸 피라진, 트리메틸 피라진, 3-에틸-2,5-디메틸 피라진 등의 알킬피라진류 9종과 푸르푸릴 알코올 등의 알코올류 4종, 푸르푸랄 등의 알데하이드류 2종, 2-아세틸피롤 등의 피롤류 2종, 2-아세틸푸란 및 디하이드로-2(3H)-푸라논을 포함한 락톤류 3종 등 총 32종의 화합물을 밝혔다.

2,6-디메틸 피라진, 트리메틸 피라진, 3-에틸-2,5-디메틸 피라진 등의 알킬피라진류는 현미녹차에서 현미를 볶을 때 생성되는 향기 성분과 대체로 일치하였고, 숭늉 냄새나 곡류를 볶을 때 나는 냄새와 같은 메커니즘으로 생성된다는 것이 밝혀졌다. 현미녹차에서 없었던 독특한 종류의 피라진도 둥굴레차에 있었다.

곡류를 볶을 때 생성되는 향기 성분이 형성되는 주요한 경로 중 하나는 비효소적 갈변반응이다. 이 반응은 당화합물과 아미노화합물의 가열반응에 의해서 일어나며 온도가 높아질수록 반응속도가 급속히 빨라진다. 둥굴레차는 구수한 맛과 향기가 나고 갈색을 띠는데, 이러한 향미 성분은 가공 중에 일어나는 갈변반응에 의해 생성된다.

둥굴레차의 유리 아미노산을 분석한 결과 트레오닌이 51.6%로 가장 많은 함량을 나타냈고, 페닐 알라닌이 12.4%, 티로신이 8.3%를 차지했다. 그 중 단맛을 가지는 트레오닌이 당류와 아울러 둥굴레차의 단맛에 기여한다고 생각된다.

둥굴레의 뿌리는 단맛이 나고 단맛에는 포도당과 과당 등이 관계한다. 또 콘발라마린(convallamarin)과 콘발라린(convallarin) 등의 약리 성분이 들어 있어 혈압 강하, 강심작용, 혈당 강하에 약효가 있다고 알려져 있다.

쥐를 대상으로 한 동물실험에서는 둥굴레 추출물이 쥐의 혈당을 낮추는 효과가 있다는 것과 왕둥굴레의 에테르 추출물이 쥐의 혈당을 강하시키는 효과가 있음이 밝혀졌다.

## 감잎차

감잎은 비타민 A·C·D·$B_1$ 및 판토텐산, 엽산과 같은 비타민류와 엽록소를 풍부하게 함유하고 있으며 플라보노이드 배당체, 다당류, 유기산 등과 칼슘, 인, 철분 등이 들어 있다. 특히 감잎의 탄닌(카테킨류 포함)은 효과 면에서 녹차와 유사한 점이 많다.

재료를 손쉽게 구할 수 있고 약리 효과가 있어 옛날부터 일반 가정에서 차로 만들어 이용해왔으나 최근에는 티백용으로 상품화되어 유통되고 있다.

감잎차는 4~5월경에 딴 어린잎을 씻어 그늘에 말리거나 녹차처럼 솥에 덖어(더 늦게 수확한 것은 특히 솥에 덖어줌) 만들거나, 증기로 찐 것을 그늘에 건조시켜 만들어 뜨거운 물에 우려 마신다.

차를 우린 액은 연두색을 띠며 맛과 향이 순하고 은은하다. 향기 성분을 분석한 결과 녹차와 같은 성분이 많았으며, 향기 성분에 기여도가 낮은 탄화수소류도 많았다. 리나롤 등의 테르펜 알코올류가 많았으며 시스-3-헥세놀은 녹차보다 함량이 많았는데, 이것은 본래 감잎이 가지고 있는 향으로서 풀냄새와 관계 깊은 향기 성분이다. 꽃과 과일향을 내는 메틸 재스모네이트도 포함되어 있었다.

감잎은 옛날부터 혈압 강하, 동맥경화, 심장병 등의 성인병 예방과 지혈 및 기관지염 치료에 약효가 있다고 하였다. 일본과 우리나라에서 최근 감잎의 탄닌 성분을 중심으로 많은 연구를 하여 문헌으로만 내려온 감잎의 효능을 사실로 증명하고 있다. 자세히 말하자면 감 및 감잎의 탄닌은 여러 가지 생물학적 활성과 함께 뱀의 독소 및 박테리아의 독소를 해독하고, 면역기능을 회복하며, 활성산소를 소거하는 작용 등이 있는 것으로 밝혀졌다. 또한 감잎의 플라보노이드는 종양세포의 증식을 억제한다고 하였다.

경남정보대학의 문숙희 교수는 박사학위 논문에서 감잎에 들어 있는 탄닌이 강한 항돌연변이 효과, 항산화 효과, 암세포 증식 억제 효과를 가진다는 것을 입증하였다. 또 생체 내 실험에서 고형암 성장을 저지하는 효과 및 수명을 연장하는 효과도 입증하였다. 이런 실험은 대부분 감잎의 성분을 용매로 추출한 것을 사용하므로 열탕으로 우린 액은 효과 면에서 약하겠지만, 수용성 탄닌류는 찻물에 우러나므로 다소 효과가 있을 것이다.

대용차로 마시는 감잎차

## 다양한 종류의 대용차들

다양한 맛과 향을 블렌딩한 과일차와 허브차들

# 부록

# 차에 관해 무엇이든 물어보세요

# 차에 관해 무엇이든 물어보세요

**Q** 여름철에 녹차를 찬물에 우려도 성분이 우러나나요?

**A** 차는 기본적으로 열탕에 우려야 성분이 잘 우러나지만 아이스티에 어울리는 것으로 향이 강한 홍차, 보이차, 재스민차 등이 있다. 냉녹차는 찬물에도 잘 우러나게 가공한 제품이다. 가루차를 차게 마실 때는 찬 우유와 섞어 믹서기에 돌려 쉐이크를 만들어 마신다.

**Q** 차는 숙취에 효과가 있나요?

**A** 차에 들어 있는 카페인과 비타민 C, 아미노산 등이 간의 알코올 분해를 촉진시킨다. 알코올이 분해되면서 생기는 아세트알데하이드가 숙취의 한 요인이 되는데, 차의 폴리페놀인 카테킨이 이것과 결합하여 작용을 못하게 하므로 숙취에 효과가 있다.

**Q** 차는 다이어트에 효과가 있나요?

**A** 당류를 첨가하지 않으면 차는 열량이 없다. 또 차는 몸에 축적된 지방을 감소시키는 데에 효과적이다. 동물실험에서 녹차를 먹인 쥐는 체중이 감소한다는 결과가 나왔다. 이는 차의 카페인이나 아미노산이 뇌를 자극하여 운동능력을 상승시키므로 활동 증가에 의해 체중이 감소하는 것으로 보인다.

**Q** 흡연하는 사람이 차를 마시면 좋은가요?

**A** 담배를 피우면 하루 요구량의 절반가량의 비타민 C가 손실된다. 녹차에는 비타민 C가 많이 들어 있으므로 흡연자에게 특히 좋다. 역학조사에서도 담배만 피는 그룹보다 담배를 피우면서 녹차를 마시는 그룹이 혈액 중 염색체 돌연변이 발생빈도가 낮았다.

**Q** 차는 몸을 차게 하나요?

**A** 《본초강목》에 차의 성질은 차다고 하여 지금까지 그런 속설이 내려오고 있다. 그러나 과학적인 근거는 아직 없다.

**Q** 차에는 카페인이 많다는데 부작용은 없나요?

**A** 녹차, 홍차, 커피에는 비슷한 분량의 카페인이 들어 있다. 그러나 차에는 커피보다 카페인이 덜 우러나고 그 작용이 완만하다. 하루에 커피 서너 잔 정도는 인체에 전혀 해가 없다고 한다. 그래도 임산부나 간이 나쁜 사람은

카페인 대사 속도가 느리므로 주의한다.

Q 피부미용에 차를 마시는 게 도움이 되나요?

A 차의 카테킨은 우리 몸에 유해한 활성산소를 감소시켜 피부노화를 억제시킨다. 또 녹차에 있는 비타민 C는 멜라닌 색소의 생성을 억제시키므로 피부를 하얗게 만드는 효과가 있다. 따라서 녹차 팩을 하여 얼굴에 발라도 미용 효과를 볼 수 있다.

Q 기름진 음식에 왜 차가 좋은가요?

A 차는 기름진 중국 음식의 느끼함을 없애준다. 일본 초밥을 먹을 때 차의 탄닌이 혀에 남는 기름기를 제거하고 피로를 풀어주어 맛을 잘 느끼게 해준다. 이때 아미노산류가 많은 전차나 옥로는 단맛이 있어 적합하지 않다.

Q 차를 마시면 치매를 예방할 수 있나요?

A 알츠하이머형 치매는 노년기에 접어들면서 발병되는 뇌변성 질환이다. 이 병은 진행성 기억장애와 지능 저하를 가져온다. 차로부터 분리한 카테킨이 알츠하이머의 원인물질로 생각되는 베타 아밀로이드의 독성을 억제한다고 한다.

**Q** 찻잎을 가루로 이용하면 효과가 더 좋을까요?

**A** 가루차를 먹으면 물에 우러나지 않는 성분, 특히 지용성 비타민류나 섬유질 등을 전부 섭취할 수 있다.

**Q** 차는 입덧을 줄여줄 수 있을까요?

**A** 입덧은 여러 가지 원인으로 생기지만 비타민 $B_6$나 엽산 등의 부족도 한 요인이다. 차에는 비타민 $B_6$나 엽산이 들어 있고 향기도 상쾌하므로 입덧을 줄여준다. 경구피임약을 상용하면 엽산 소비가 많아진다.

**Q** 차의 비타민 C는 열탕 중에 파괴되지 않나요?

**A** 녹차에 들어 있는 비타민 C는 저장이 잘 되었을 때는 2~3년 동안 유지된다. 녹차의 비타민 C는 단백질과 결합한 상태로 있으므로 파괴되기가 어렵다. 환원형 비타민 C는 열탕에서도 잘 파괴되지 않는다.

**Q** 약을 먹을 때는 차를 마시면 좋지 않나요?

**A** 찻잎 중의 카테킨 성분이 약 성분과 결합하여 약의 효과를 떨어뜨릴 수 있기 때문이다. 특히 빈혈치료제인 철분제는 카테킨 성분과 결합하여 체내 흡수를 방해한다는 견해가 있다. 쥐를 사용한 실험에서 녹차는 철의 흡수를 방해하지 않았으나 홍차는 약간의 영향을 주었다.

Q 우려낸 녹차를 몇 시간 지난 후에 마시면 해가 되나요?

A 냉장고에 밀폐하여 보관하면 향만 조금 손실될 뿐 성분에 큰 변화는 없다. 더운 공기 중에 노출되면 산화하여 색깔이 변하나 해롭지는 않다. 그러나 곰팡이가 피거나 지나치게 산화된 것은 해롭다.

Q 위가 약한 사람이 차를 마셔도 괜찮을까요?

A 위궤양이나 위장병을 가지고 있는 사람은 카페인 때문에 좋지 않다. 특히 공복에 차를 마시는 것은 피하는 것이 좋다. 부득이 마실 때는 연하게 하여 마시고, 많이 마시지 않는다. 가급적 우롱차를 마시는 것이 좋다.

Q 녹차가 몸에 좋다고 하면서 발효시켜 홍차로 만들어 마시는 이유는 무엇인가요?

A 사람의 기호가 다르기 때문이다. 영국인의 기호에는 홍차가 맞아 퍼졌다고 한다. 홍차는 녹차와 다른 특유의 향미와 효능이 있다. 지금은 차나무도 녹차용과 홍차용이 구분된다.

Q 차가 충치 예방에 도움이 되나요?

A 차에 들어 있는 플루오린(불소) 성분이 치아표면을 코팅하여 충치균의 영향을 예방한다. 차의 카테킨 성분도 세균의 번식을 억제시킨다. 어린이뿐만 아니라 어른의 치주질병 예방에도 좋다. 이를 잘 닦는 것과 병행하면 치아

건강에 금상첨화이다.

**Q** 감을 먹으면 탄닌 성분 때문에 변비에 걸린다는 말이 있습니다. 차에도 탄닌이 많은데, 마셔도 괜찮을까요?

**A** 감을 먹으면 변비에 걸린다는 과학적인 증거는 별로 없다. 따라서 차를 마셔서 그럴 염려는 전혀 없다. 오히려 가루차는 섬유질이 많으므로 변비 예방에 도움이 된다.

**Q** 화개 지역에서는 배탈이 났을 때 차를 민간약으로 이용하였다는데요. 그 이유는 무엇 때문인지요?

**A** 차는 식중독균에 대한 항균작용이 있다. 장내 나쁜 세균의 활동을 저지시키고 부패산물인 암모니아나 스카톨의 생성을 억제시킨다.

**Q** 우롱차는 어디에 좋은가요?

**A** 우롱차는 알칼리도가 강하며 이뇨작용과 해독작용이 있다. 지방분이 많은 중국요리를 먹을 때 적합하다. 차 추출액과 차 카테킨류는 화분병이나 천식 등에 의한 알레르기 증상을 억제한다는 연구가 보고되었는데, 최근의 연구에서 녹차나 홍차보다 우롱차가 효과가 더 강하다고 밝혀졌다. 카테킨류가 알레르기의 원인이 되는 히스타민의 방출을 억제하기 때문에 효과가 있는 것으로 예상된다.

**Q** 우롱차는 양주를 마실 때 잘 나오는데, 술과 차의 궁합은 좋을까요?

**A** 루마니아인들은 양주나 브랜디를 홍차에 타서 즐긴다. 마찬가지로 우롱차도 향이 좋은 차이므로 양주와 잘 어울린다. 게다가 차는 숙취를 풀어주므로 더욱더 좋다. 소주에 차 티백을 넣거나 캔 녹차를 섞어도 훌륭한 녹차 소주가 된다.

**Q** 차가 혈압을 낮춘다는데 저혈압인 사람이 마셔도 되나요?

**A** 차는 일정 수준의 높은 혈압은 낮추어주는 효과가 있지만 낮은 혈압에 대해서는 더 이상 낮추지 않는 조절작용을 한다. 혈압 상승을 억제하는 성분으로 된 '가바'차는 더 효과가 크다. 그런데 차를 마시지 않으면 본래의 고혈압 상태로 되돌아간다.

**Q** 차는 알칼리성 음료인가요?

**A** 식품을 태워서 생기는 무기질 중 알칼리성 생성원소가 많은 식품을 알칼리성 식품이라고 한다. 알칼리성 식품으로는 해조류, 채소, 과일, 차 등이 있다. 산성 식품을 먹는다고 해서 체액이 산성으로 쉽게 변화하지는 않지만, 피로하거나 질병에 걸릴 때 체액은 산성이 된다. 차는 알칼리성 음료이며 몸에 유익한 무기질이 많이 들어 있다.

**Q** 차의 향기 성분은 어떤 효과를 내나요?

**A** 차의 향기 성분 중에는 살균력이 있는 것도 있고, 항돌연변이 효과가 있는 것도 있다. 또한 정신적인 면에서는 스트레스를 해소하고 기분을 전환시켜 주는 생체조절 효과가 예상된다.

**Q** 품질이 좋은 차에 많은 테아닌의 효능은 무엇인가요?

**A** 차 특유의 아미노산인 테아닌은 카페인의 활성을 저해하는 작용을 한다. 카페인은 수면을 방해하는 작용을 하는데 차의 테아닌이 그 작용을 억제한다. 따라서 카페인의 생리작용을 완만하게 한다.

**Q** 차의 가격과 등급은 어떻게 정해지나요?

**A** 대체로 수확시기에 따라 정해진다. 햇차일수록 좋은 등급이고, 값도 비싸다. 차를 구입할 때는 반드시 찻잎의 수확시기와 유효기간을 확인한다.

**Q** 차의 등급이 높으면 효능도 더 좋은가요?

**A** 햇차일수록 감칠맛 성분인 테아닌이 많이 들어 있고 떫은맛 성분인 카테킨의 함량이 적어 맛과 향이 좋다. 그러나 차의 효능과 등급이 비례하는 것은 아니다.

**Q** 한자로 다소(茶素)라고 하고 영어로 테인(theine)이라고 하는 차에 들어 있는 성분은 무엇인가요?

**A** 차에 약효가 있는 성분을 발견하여 다소(茶素) 혹은 테인(theine)이라고 했는데 커피의 카페인과 동일한 물질이다. 요즈음은 차에 있어서도 카페인(caffeine)이라고 한다.

**Q** 차는 어디에서 주로 재배되나요?

**A** 차의 원산지는 중국이며 현재 아시아를 중심으로 아프리카, 남아메리카, 오세아니아 등의 50여 국가에서 재배되고 있다. 차나무는 열대 지역에서 아열대 지역에 이르기까지 광범위하게 분포한다. 생육에 알맞은 온도는 연평균 14~16℃이고 최저기온은 영하 5~6℃가 적당하다. 우리나라에서는 제주도, 전라남도, 경상남도 등 남부지방에서 재배되고 있다.

**Q** 녹차와 홍차를 우릴 때 물의 온도가 다른 이유는 무엇인가요?

**A** 녹차를 우릴 때 고급 녹차일수록 물의 온도를 낮게 해주는 이유는 녹차에는 비교적 저비점의 향기 성분이 많기 때문이다. 감칠맛이 나는 아미노산의 종류는 비교적 낮은 온도에서도 용출되기 쉽다. 홍차에는 100℃에 가까운 열탕을 사용하는데, 그 까닭은 홍차의 향기 성분에는 중비점과 고비점의 화합물이 많아 홍차 특유의 향기를 즐기기 위해서다. 홍차는 떫은맛 성분인 카테킨류가 중합된 상태이므로 고온에서도 떫은맛이 많이 용출되지

않는다.

**Q** 각종 차의 유효기간은 어떻게 되나요?

**A** 보통 차의 유효기간은 개봉하기 전에는 2년으로 되어 있다. 그러나 개봉 후 차를 오래 보존하면 점점 신선한 향이 사라지고 색깔도 변하며 맛이 떨어진다. 우롱차는 녹차나 홍차에 비해 더 오래 보관해도 된다. 흑차는 20~30년 저장된 것이 오히려 부드럽고 풍미가 깊다고 평가되기도 한다. 차는 되도록 조금씩 자주 구입하는 것이 좋다. 녹차의 경우 50g 포장이 있고, 홍차는 30g 포장도 있다.

**Q** 현미녹차의 특성은 무엇인가요?

**A** 현미녹차는 녹차에 구수하게 볶은 현미를 가미한 것으로 숭늉 맛에 익숙한 우리나라 사람들의 기호에 맞다. 녹차를 처음 마시기 시작하는 초보자에게 좋다. 통상적으로 고품질의 녹차를 현미녹차를 만들지는 않기 때문에 가격도 비교적 싼 편이다.

**Q** 재스민차는 어떻게 만드나요?

**A** 재스민차를 만드는 방법은 녹차나 포종차를 이용하여 찻잎을 건조시킨 후, 찻잎과 재스민 꽃을 차례로 층층이 쌓아 몇 시간 지나면 서로 뒤집어 혼합하고 다시 몇 시간 방치한 뒤 건조시켜 찻잎에 흡수된 수분을 제거한다. 주

로 고급 차는 꽃잎을 체에 쳐서 없애고 저급 차에는 건조한 꽃잎을 첨가하는 경우가 많다. 재스민차는 동양의 이미지를 나타내나 익숙하지 않은 사람에게는 향이 강해 거부감을 주기도 한다. 참고로 향기요법에서 재스민 꽃은 기분을 고조시키는 역할을 한다.

**Q** 녹차와 홍차의 제조방법상 큰 차이점은 무엇인가요?

**A** 녹차는 증기로 찌거나 솥에 덖어 효소작용을 중지시켜 녹색을 그대로 유지시키지만, 홍차는 뜨거운 열을 가하지 않고 적당한 온도에서 효소작용을 진행시켜 산화에 의해 찻잎의 색이 홍색으로 변화하게 한다. 또 홍차는 발효시킨 후 마지막에 수분을 없애기 위해 열처리를 한다.

**Q** 녹차와 홍차의 성분상의 큰 차이점은 무엇인가요?

**A** 녹차는 가공 전의 색이나 성분 등이 남아 있지만 홍차는 효소작용에 의해 성분이 변화하여 독특한 풍미를 형성한다. 홍차의 탄닌은 대체로 불용성 탄닌으로 변하므로 녹차보다 떫지 않다. 카로틴은 약 1/7로 줄고, 비타민 $B_1$과 $B_2$는 반으로 줄며 비타민 C는 하나도 남지 않는다.

**Q** 차의 발효는 다른 식품의 발효와 어떻게 다른가요?

**A** 우롱차와 홍차의 발효에는 미생물이 관여하지 않고 찻잎에 들어 있는 효소인 폴리페놀 옥시데이스에 의해 차의 색깔을 변화시킨다. 효소에 의한 색

깔 변화도 발효라는 용어를 사용하고 있다. 그러나 미생물에 의한 발효로 만든 차도 있는데 찻잎을 대나무통이나 상자에 퇴적시켜 방치하면 외부로부터 미생물이 침투해 발효시키는 후발효차가 있다. 퇴적차라고 하는 흑차와 차잎을 열처리한 후 혐기성 상태(산소를 없앰)에서 박테리아에 의해 발효시키는 담근차도 미생물에 의한 발효 과정을 거쳐 만든 차이다.

**Q** 홍차에 밀크를 넣으면 어떻게 되나?

**A** 밀크의 단백질 성분이 홍차의 탄닌과 결합하여 탄닌을 불용성 물질로 바꾼다. 그래서 우유는 홍차의 떫은맛을 제거하는 역할을 하며 위도 보호해준다.

**Q** 홍차에 레몬을 넣으면 어떻게 되나요?

**A** 홍차에 레몬을 넣으면 차의 떫은맛이 약간 감소하고, 홍차의 맛이 부드럽게 되는 효과가 있다. 또 홍차 특유의 적갈색이 밝아진다. 왜냐하면 홍차의 색깔을 나타내는 테아플라빈과 테아루비긴 등은 카테킨이 산화되어 생긴 물질인데, 이들이 유기산에 의해 화학변화가 일어나기 때문이다. 따라서 레몬의 시큼한 맛과 향을 즐기고 시각적으로 아름다운 차 색깔을 즐기기 위해서는 홍차에 레몬 한 조각 넣는 것도 나쁘지는 않을 것이다.

**Q** 홍차를 우렸을 때 잔 둘레에 금환이 생기면 좋은 차인가요?

**A** 찻잎에 본래 들어 있는 색소는 황금색의 플라본 색소이다. 홍차를 제조할

때 탄닌의 중합물인 적색 색소가 생성되는데, 황금색이 잔 가장자리에 있는 것은 색소의 조화가 좋은 것으로 고품질의 홍차에 나타나는 현상이다.

**Q** 좋은 홍차의 조건은 무엇인가요?

**A** 홍차를 고를 때는 잎차의 경우 형이 고른 것이 좋다. 색과 광택 또한 좋아야 한다. 홍차를 우렸을 때 찻물색이 선홍색이어야 하고 향이 좋아야 한다. 그리고 우려낸 후의 차 찌꺼기가 고르고 색이 구릿빛일 때 좋은 홍차라고 할 수 있다.

**Q** 얼그레이(Earl Grey) 홍차란?

**A** 얼그레이 홍차는 본래 1830년대 영국의 그레이 백작이 중국에서 가져와 즐긴 데서 유래한다. 처음에는 홍차에 감귤류인 베르가못 과일즙을 섞었지만 지금은 베르가못 정유(精油)를 부여하고 있다. 향이 강해서 밀크를 넣지 않아도 되며 아이스티에 적합하다.

**Q** 시티시(CTC) 홍차란?

**A** 시티시(CTC)란 Crushing(분쇄), Tearing(찢기), Curling(비틀기)의 약자이다. 시티시(CTC) 홍차란 이런 조작을 동시에 행하는 기계를 이용하여 단시간 내에 차잎 세포를 현저하게 파괴시켜 제조한 홍차이다. 전통적인 방법보다 시간과 비용이 절약되나 향미는 떨어진다. 주로 블렌드용이나 티백용으로

이용된다.

**Q** Orange Pekoe(OP) 홍차는 오렌지와 관계가 있나요?

**A** 오렌지(orange)와 관계가 없다. 이것은 차싹 다음의 첫 번째의 어린잎이며, 솜털로 덮여 있고 우린 찻물색이 엷은 오렌지색을 띠고 있다. 단순히 실론티와 인도차의 대표적인 브랜드를 의미할 때도 있다. 품질이 좋은 홍차에 속한다.

**Q** 홍차에 설탕 대신 벌꿀을 넣으면 색이 혼탁해지는 이유는 무엇인가요?

**A** 벌꿀에 있는 철분 성분이 홍차의 카테킨과 결합하여 착화합물을 형성하여 어두운 색을 낸다. 철분이 적은 벌꿀은 영향이 적다.

**Q** 우롱차의 제조방법은 어떻게 되나요?

**A** 녹차와 홍차의 좋은 점을 취해서 만든 부분발효차이다. 부분발효차는 잎을 그대로 통풍이 좋은 곳에 펴서 햇볕에 쬐면서 상하로 뒤적인다(일광위조). 그다음 실내에서도 한 번 더 행한다(실내위조). 향기 형성은 위조 시에 거의 결정되며 녹차와는 전혀 다른 향기가 있다. 솥에 덖을 때도 효소를 완전히 실활시키지 않고 덖음과 유념을 반복하여 발효를 진행시킨다. 그 후 불을 더 가해 남아 있는 효소의 활성을 고온으로 완전히 실활시켜 풀냄새를 없애고 떫은맛을 감소시킨다. 마지막 건조에 의해 수분 함량을 4%

이하로 한다.

**Q** 우롱차라는 이름은 어디에서 유래되었나요?

**A** 차의 모습이 까마귀와 같이 검고 용과 같이 구부러져 있다 하여 붙여진 이름이라고 한다. 한편 산지의 명칭에서, 혹은 품종에서, 혹은 우롱차를 퍼뜨린 사람의 아호(雅號)에서 따왔다는 설도 있다.

**Q** 우롱차는 몇 번이나 우려 마실 수 있나요?

**A** 유념(비비기)이 잘 되어 있으므로 4~5번까지도 맛있게 우려 마실 수 있다. 참고로 우롱차의 찻잔은 매우 작다.

**Q** 티백에는 등급이 낮은 차를 사용하나요?

**A** 아주 고급 차는 잘 사용하지 않는다. 포장에 비용이 들므로 무게당 가격으로 계산한다면 티백이라고 해서 반드시 싸지는 않다.

**Q** 꽃차에는 어떤 것이 있나요?

**A** 재스민차는 중국에서 당나라 때부터 만들어졌다고 한다. 꽃차 중에는 재스민차가 85%로 제일 많다. 재스민 꽃 이외에 세계적으로 사용되는 것은 장미, 국화, 유자꽃, 치자, 난 등이 있으며, 베트남의 연꽃차도 특이하다. 향이 좋아 차와 어울리며 독성이 없어 식용으로 할 수 있는 꽃은 어느 꽃이나

꽃차로 이용할 가능성이 있다.

**Q** 가정에서 보리차 대용으로 차를 이용하는 방법은 무엇인가요?

**A** 주전자에 물을 끓일 때 일부 생산되는 엽차(녹차)를 끓는 물에 소량을 넣거나 티백을 사용하면 간편하다. 선물로 받은 우롱차가 있으면 우려내는 기구 등에 넣고 끓여도 된다. 통상의 방법으로 차를 연하게 우려 온 가족이 이용해도 좋다. 여름에는 물병에 담아 냉장고에 넣었다가 차게 마신다.

맺는말

# 미래의 차 산업을 전망하면서

차는 생활에 밀착된 세계적인 기호음료이자 보건 효과를 가지는 기능성 음료이기 때문에, 미래에는 지금보다 더 소비자들의 기호에 맞는 풍미를 보유한 차가 생산될 것이다. 또한 다양한 연령층의 요구에 걸맞는 기능성을 가진 차가 생산되는 방향으로 연구가 진행될 것이다.

따라서 미래의 차 산업은 생산, 가공, 유통, 저장, 소비에 있어서 지금까지의 문제점을 파악하고 개선점을 찾아 보다 나은 방향으로 개선되어야 함이 마땅하다. 여기서는 품종과 가공 및 유통 부문에서 앞으로의 차 산업을 전망해보겠다.

## 품종 개량 및 육종 면에서 차 산업의 전망

**첫째**, 풍미를 높이는 차를 재배할 것이다.

향기에 있어서는 향기분석 기술이 발달되어 각종 차의 향기 성분을 분석하고 그 생성 메커니즘을 규명하여, 소비자들의 기호에 맞는 다양한 향기를 보유한 차를 선택할 수 있도록 차를 재배하게 될 것이다.

맛에 있어서는 저카페인 및 저카테킨 차를 선호하게 될 것이다. 사람들이 카페인의 부작용을 의식하고 있기 때문이다. 또한 카테킨의 약리 효과를 택하기보다 쓴맛과 수렴성의 맛을 싫어하는 소비자들에게 적합한 차를 재배하게 되므로 저카테킨 차를 재배하는 쪽으로 발전할 것이다.

**둘째,** 높은 기능성을 보유하는 차를 재배할 것이다.

약리 효과를 가지는 카테킨, 플라보노이드, 감마아미노낙산, 베타-카로틴 등을 보유하는 차를 재배하여, 소비자들의 질병 및 체질에 맞는 차를 개발할 것이다. 현재 무기질인 셀렌(Se)을 부가한 차나 섬유질이 많은 차 등의 개발이 진행되고 있다.

**셋째,** 다수확 재배를 할 것이다.

가격을 낮추기 위해 수경재배에 의한 생장 촉진법 등 그밖의 방법을 연구하여 다수확 재배를 할 것이다. 살충제를 사용하지 않는 관리방법을 강화하고 유기농법으로 재배하며 컴퓨터를 이용한 비료관리의 합리화를 꾀할 것이다.

**넷째,** 차나무의 유전자 조작이나 세포의 배양 및 융합에 의한 신품종의 차를 개발하는 것이 활발해질 것이다.

**다섯째,** 많은 영양분을 함유한 차나무를 재배할 것이다.

## 가공 및 유통 면에서의 차 산업 전망

**첫째,** 마시기 편리한 캔이나 드링크류가 유행할 것이다.

현대인들, 특히 젊은 층들은 보다 마시기 간편하고 편리한 음료를 선호한다. 때문에 과거 20년 동안 CTC 홍차를 개발하여 티백을 만들어 판매고를 현저히 상승시켰듯이, 인스턴트식 녹차 등이 많이 개발될 것이다.

또한 캔 음료도 꾸준히 인기를 계속 끌 것이다. 캔 음료는 일본, 중국, 대만, 인도네시아 등을 중심으로 급격하게 증가하였는데, 일본의 경우 소형 패트병에 차를 소재로 한 각종 성인병과 암을 예방하기 위한 건강음료를 생산하고 있다. 즉 녹차에 카테킨 성분을 더 첨가하거나 테아닌 성분을 추가로 첨가하여 제품화하고 있다. 설록차에서도 질병별, 용도별에 따라 차의 성분 중 카테킨, 테아닌, 카페인 및 폴리사카라이드 등을 가감하여 제품을 생산하기 위한 연구를 다양하게 시행하고 있으며 녹차에 카테킨 플러스나 테아닌 플러스라는 차들이 생산되고 있다.

**둘째,** 차의 효능을 실용화 · 산업화할 것이다.

차의 소비에 있어서는 차를 단순히 마시고 요리에 넣어 먹는 것뿐만 아니라 차의 효능을 적극적으로 산업화하여 실용화하는 연구가 계속될 것이다. 현재 차의 카테킨, 색소, 카페인 등의 이용에 초점이 맞추어지고 있다.

2010년에 일본에서 개최된 심포지엄에 참석했을 때 차를 소재로 한 건강보조제, 화장품이나 생활용품 등 여러 가지 제품들이 선보였다. 특히 와인병에 와인 대신 차를 넣은 제품이 인상적이었다. 이는 연말파티나 생일파티 등 각종 파티에 건배 분위기를 내는 데 있어 술을 못하는 사람들을 위해 생산된 것으로 차의 색깔도 대체로 발효차를 사용하여 와인과 유사한 색깔을 띠고 있다.

2013년 중국 항주에서 개최된 국제 차학회에 참석했을 때에도 차 제품들이 많이 소개되었다. 특히 분말차를 케이크나 껌류 등 식품 산업에 다양하게 이용하고 있었다.

우리나라에서도 차의 성분을 이용하여 발냄새를 제거하는 구두가 판매되고 있으며, 차의 성분을 의류에 적용하여 자외선을 차단하는 효과에 관한 연구도 진행되고 있다. 이와 함께 차의 농축물을 이용하여 항산화물질을 개발하거나, 차의 부산물인 차씨에서 사포닌을 추출하는 연구도 화장품 및 다른 화학산업에 다양하게 이용될 전망이다.

우리나라에서는 보성의 녹차연구소나 하동의 녹차연구소를 중심으로 많은 제품이 생산되고 있으며 연구도 지속적으로 행해지고 있다.

이처럼 차의 성분 및 부산물의 이용은 차 산업의 경제성을 증대시킬 목적으로 빠르게 개발되고 있으며, 이와 같은 차 제품의 실제적인 응용이 머지않아 우리 눈앞에 펼쳐질 것이다.

# 참고문헌


## 1장_ 차의 유래

- 석용운 : 한국다예. 도서출판 보림사. 1987
- 竹尾忠一 : 茶のかおりと茶樹種間特性, 化學と生物 72, 129. 1984
- 김종태 : 차의 과학과 문화. 보림사. 1996
- Food Reviews International Special Issue on Tea. Dekkar Vol.11. No3. 1995
- 세계의 차. 국제차연구심포지엄 부록. 일본. 시즈오카. 1992
- お茶の事典. 成美堂出版(日本). 1996
- 山西貞 : お茶の科學. 裳華房. 1992
- 이성우 : 한국식품문화사. 교문사. 1991
- 차의 문화와 효능. 국제심포지엄논문집. 일본(가게가와). 1996

## 2장_ 차의 분류

- 감승희(역) : 한국차생활총서. 한국차생활교육원. 1994
- 정상구 : 한국차문화학. 세종출판사. 1995
- 茶衆 : 丘山傳統文化研究院. 제2호. 1992
- 김대성 : 차문화유적답사기. 불교영상. 1994
- 김종태 : 차이야기. 오름출판. 1995
- 中林敏郎, 伊奈知夫, 坂田完三 : 綠茶, 紅茶 烏龍茶の化學と機能. 弘學出版社. 1991
- 이성우 : 한국식품문화사. 교문사. 1991

## 3장_ 차의 제조

- 村松敬一郎 : 茶の科學. 朝倉書店. 1992

• 김명배 : 한국인의 차와 다도. 기린원. 1988
• 감승희(역) : 한국차생활총서. 한국차생활교육원. 1994
• 석용운 : 한국다예. 보림사. 1983
• 山西貞 : お茶の科學. 裳華房. 1992
• Encyclopedia of Food Technology and Nutrition. Academic press Vol.7. 1993
• 中林敏郎, 伊奈知夫, 坂田完三 : 綠茶, 紅茶 烏龍茶の化學と機能. 弘學出版社. 1991
• 김종태 : 차의 과학과 문화. 보림사. 1996
• 山西貞 : お茶. 香料. 161호. 1989

## 4장_ 맛과 색깔, 품질을 결정하는 차의 성분

• 山西貞 : お茶の科學. 裳華房. 1992
• 中林敏郎, 伊奈知夫, 坂田完三 : 綠茶, 紅茶 烏龍茶の化學と機能. 弘學出版社. 1991
• 최성희, 류미라 : 시판녹차로부터 테아닌 함량의 분석. 한국식품과학회지. 24. 177. 1992
• 西工了唐 : 茶の澁味に關ちする新カテキん. 化學と生物. 21. 426. 1983

## 5장_ 차의 향기 성분

• 최성희 : 한국산 시판녹차의 향기성분에 관한 연구. 한국식품과학회지. 23. 98. 1991
• 최성희, 배정은 : 지리산 녹차의 향기성분. 한국영양식량학회지. 25. 478. 1996
• 최성희, 이동훈 : 현미와 녹차의 혼합비에 따른 현미녹차의 향기성분과 기호도. 한국차학회. 1997
• 최성희 : 차의 풍미성분과 보건효과. 동의대 부설 식품과학연구지. 7, 57. 1993
• 竹尾忠一 : 茶のかおりと茶樹種間特性, 化學と生物 72, 129. 1984
• 原利南, 久保田悅郎 : 綠茶火入れ中における香氣の形成と變化. 日本農藝化學會誌. 58, 2, 1984
• 原利南, 久保田悅郎 : 綠茶貯藏中の香氣成分の變化. 日本農藝化學會誌. 56, 625, 1982
• Horita, H : Off-flavor components of green tea during preservation. JARQ, 21, 192. 1987

## 6장_ 과학적으로 입증된 차의 효능

• 山西貞 : お茶の科學. 裳華房. 1992

- 차의 문화와 효능. 국제심포지엄논문집. 일본(가게가와). 1996
- 김종태 : 차의 과학과 문화. 보림사. 1996
- 최성희, 김순희, 이병호 : 녹차 추출액이 궤양유발제투여 흰쥐의 항십이지장궤양에 미치는 영향. 한국영양식량학회지. 22. 374. 1993
- 최성희 : 녹차로부터 동정된 휘발성화합물의 항돌연변이 효과. 차의 문화와 효능 국제심포지엄논문집. 일본(가게가와). 1996
- 차의 품질 및 인간의 건강. 국제심포지엄논문집. 중국(상해). 1995
- 原征彦, 小國伊太郎 : お茶はこんなに茶く. 中日新聞社. 1990
- 中林敏郎, 伊奈和夫, 板田完三 : 綠茶, 紅茶, 烏龍茶の化學と機能. 弘學出版社. 1991
- Oguni, I., Nasu, K., and Kanaya, S : J. Nutrition(Japan). 47, 93. 1989
- 原征彦, 松崎敏, 中林耕二 : 營養と食糧. 42, 39. 1989
- 太平洋. 雪綠茶. No. 11. 1990
- 문숙희 : 감잎의 항돌연변이 및 항암효과. 부산대학교 박사학위 논문. 1993
- Maron, D, M and Ames, B, N : Mutat, Res., 113, 173. 1983
- 김노경 : 종양학, 서울대학교 의과대학편. 1988
- 本五郎, 日食工誌, 10, 365. 1963
- Okuda, T., Kimura, Y., Yoshida, T., and Ariichi, S : Chem. Pharm.Bull, 31, 1625. 1983
- 하루야마 시게오 : 뇌내혁명. 사람과 책. 1996
- Muramatsu, K., Fukugo, M., and Hara, M : J. Nutri. Sci. Vitaminol : 32, 613. 1986
- Biosci, Biotech. Biochem : 57, 525. 1993
- 제5회 국제녹차심포지엄 논문요약집. 한국(서울). 1999
- 류병호 : 공포의 환경호르몬과 지구촌. 경성대학교출판부. 1998
- 이규태 : 이규태코너. 조선일보사. 1990


### 7장_ 차 추출물의 효능과 이용


- 제2회 국제녹차심포지엄 논문요약집. 한국(서울). 1993
- 최성희, 김순희, 이병호 : 녹차 추출액이 궤양유발제투여 흰쥐의 항십이지장궤양에 미치는 영향. 한국영양식량학회지. 22. 374. 1993
- 최성희, 문숙희 : 녹차로부터 동정된 휘발성화합물의 항돌연변이 효과. 차의 문화와 효능. 국제심

포지엄논문집. 일본(가게가와). 1996
• 제4회 국제녹차심포지엄 논문요약집. 한국(서울). 1997
• 林英一 : 新お茶は妙藥. 新靜岡聞社. 1990
• 김정균, 강지용, 전세열 : 현대 영양교육. 지구문화사. 1995
• 김종태 : 차의 과학과 문화. 보림사. 1996
• 편집자 : 태평양. 설록차. 1996
• 박춘옥 : 녹차와 성인병. 신지서원. 1996
• 이연자 : 차가 있는 삶. 초롱. 1998
• 山西貞 : お茶の科學. 裳華房. 1992
• 化學と工業. 52(3), 281. 1999

## 8장_ 차 마시기와 다양하게 즐기는 방법

• 山西貞 : お茶の科學. 裳華房. 1992
• おいしい紅茶. 日本紅茶協會監修. オ-イズミ. 1995
• 차의 문화와 효능. 국제심포지엄논문집. 일본(가게가와). 1996
• 차를 다양하게 즐기자. 다담(가을호). 1997
• 감승희(역) : 한국차생활총서. 한국차생활교육원. 1994
• 紅茶. カタロダ. 西東社(日本). 1994
• 정상구 : 한국차문화학. 세종출판사. 1995
• お茶の事典. 成美堂出版(日本). 1996

## 9장_ 차와 다구 고르기

• 정상구 : 한국차문화학. 세종출판사. 1995
• おいしい紅茶. 日本紅茶協會監修. オ-イズミ. 1995
• 山西貞 : お茶の科學. 裳華房. 1992
• 감승희(역) : 한국차생활총서. 한국차생활교육원. 1994
• 紅茶. カタロダ. 西東社(日本). 1994
• 다구백과 : 태평양. 설록차. 1998

## 10장_ 세계의 차 종류와 특징

- お茶の事典. 成美堂出版(日本). 1996
- 최성희 : 태평양. 설록차. 1989
- 세계의 차. 국제차연구심포지엄 부록. 일본(시즈오카). 1992
- 出口保夫 : 英國紅茶の話. 東書選書. 1982
- 김종태 : 차의 과학과 문화. 보림사. 1996
- おいしい紅茶. 日本紅茶協會監修. オ-イズミ. 1995
- 차의 문화와 효능. 국제심포지엄논문집. 일본(가게가와). 1996
- 연호택 : 세계의 차풍습. 다담(여름호). 1998

## 11장_ 세계의 차 풍습

- 최성희 : 태평양. 설록차. 1989
- おいしい紅茶. 日本紅茶協會監修. オ-イズミ. 1995
- 太陽. 平凡社. No. 265. 1984
- Food Reviews International Special Issue on Tea. Dekkar Vol.11. No.3. 1995
- 최성희 : 세계의 차풍습. 다담(여름호). 1993
- 연호택 : 세계의 차풍습. 다담(여름호). 1998
- 김재기 : 대만 차산업의 현황과 다예문화. 차연구회 소식지. 제3호. 1998

## 12장_ 건강대용차의 효능과 종류

- Choi SH, Shin MK, Lee YJ. Volatile aroma components of green tea scented with lotus (Nelumbo nucifera Gaertner) flower. Food Sci Biotechnol 12, 540. 2003
- Choi SH. Essential oil components in herb tea(rose and rosehip). J Life Sci 19, 1333. 2011
- Fujita K. 健康茶入門. Gentosha(日本), 2009
- Im YK, Lee MK, SR. Lee. Elimination of fenitrothion residues during dietary fiber and bioflavonoid preptions from mandarin orange peels. Korean J Food Sci Technol 29, 223. 1997
- Jeon JY, Choi SH. Aroma characteristics of dried citrus fruits-blended green tea. J. Life. Sci 21, 739. 2011

• Kim JO, Kim YS, Lee JH, Kim MN, Rhee SH, Moon SH, Park KY. Antimutagentic effect of the major volatile compounds identified from mugwort (Artemisia asictica nakai) leaves. J Korean Soc Food Nutrition 21, 231. 1992
• Rosen HB, Chang J, Wnek GE, Linhardt RJ, Langer R. Bioerodible polyanhydrides for controlled drug delivery. Biomaterials 4, 131. 2004
• 김민경, 최성희. 시판 뽕잎차의 휘발성 향기성분. 한국차학회지 17, 89, 2011
• 김용현. 웰빙 한방차. 한올출판사, 2010
• 도원석. 한의학으로 본 차와 건강. 이른아침, 2010
• 박충훈. 건강 차 35 선. 북갤럽, 2003
• 이영은, 홍승헌. 한방 식품재료학. 교문사, 2003
• 이완주. 성인병을 예방하는 뽕잎건강법. 중앙생활사, 2010
• 이원욱, 김남기. 한방약차. 아카데미북, 2011
• 이현정. The compositions of volatiles and aroma-active compounds in dried omiza fruits according to the cultivation areas. 이화여자대학교 식품공학과 석사논문, 2011
• 진수수, 임현정. 녹차, 허브차, 한방차 54가지 무작정 따라하기. 길벗, 2009
• 최성희. 전통차 허브차 건강 완전정복. 중앙생활사, 2012
• 최성희. 두충차와 감잎차의 향기성분. 한국식품과학회지 22, 405. 1990
• 최성희, 김국향. 시판 둥굴레차의 향기성분 및 향기성분 생성 메카니즘. 한국차학회지 3, 141. 2001
• 현숙경, 김윤근, 최성희. 약초를 이용한 부분발효차의 제조 및 DPPH Radical Scavenging 활성. 한국차학회지 17, 54. 2011


### 맺는말_ 미래의 차 산업을 전망하면서


• Proceedings of the 4th International Conference on Tea Culture and Science(Shizuoka, Japan). 2010
• Proceedings of 2013 International Symposium on Tea Science and Tea Culture(Zhejiang, China). 2010

중앙생활사 Joongang Life Publishing Co.
중앙경제평론사 | 중앙에듀북스 Joongang Economy Publishing Co./Joongang Edubooks Publishing Co.

**중앙생활사**는 건강한 생활, 행복한 삶을 일군다는 신념 아래 설립된 건강 · 실용서 전문 출판사로서
치열한 생존경쟁에 심신이 지친 현대인에게 건강과 생활의 지혜를 주는 책을 발간하고 있습니다.

우리가 몰랐던 **우리 차 세계 차의 놀라운 비밀**

초판 1쇄 인쇄 | 2019년 9월 15일
초판 1쇄 발행 | 2019년 9월 20일

지은이 | 최성희(SungHee Choi)
펴낸이 | 최점옥(JeomOg Choi)
펴낸곳 | 중앙생활사(Joongang Life Publishing Co.)

대 표 | 김용주
편 집 | 한옥수 · 유라미
디자인 | 박근영
마케팅 | 김희석
인터넷 | 김회승

출력 | 케이피알 종이 | 한솔PNS 인쇄 | 케이피알 제본 | 은정제책사

잘못된 책은 구입한 서점에서 교환해드립니다.
가격은 표지 뒷면에 있습니다.

**ISBN 978-89-6141-238-4(03590)**

등록 | 1999년 1월 16일 제2-2730호
주소 | ㉾ 04590 서울시 중구 다산로20길 5(신당4동 340-128) 중앙빌딩
전화 | (02)2253-4463(代) 팩스 | (02)2253-7988
홈페이지 | www.japub.co.kr 블로그 | http://blog.naver.com/japub
페이스북 | https://www.facebook.com/japub.co.kr 이메일 | japub@naver.com
♣ 중앙생활사는 중앙경제평론사 · 중앙에듀북스와 자매회사입니다.


※ 이 책은《힐링 라이프 키워드 우리 차 세계의 차》를 독자들의 요구에 맞춰 새롭게 출간하였습니다.

※이 도서의 국립중앙도서관 출판시도서목록(CIP)은 서지정보유통지원시스템 홈페이지(http://seoji.nl.go.kr)와
국가자료공동목록시스템(http://www.nl.go.kr/kolisnet)에서 이용하실 수 있습니다.(CIP제어번호: CIP2019032633)